Lecture Notes in Mathematics

Edited by A. Dold and B. Eckmann

Series: Institut de Mathématiques, Université de Strasbourg
Adviser: P. A. Meyer

833

Thierry Jeulin

T0219857

Semi-Martingales et Grossissement d'une Filtration

Springer-Verlag
Berlin Heidelberg New York 1980

Auteur

Thierry Jeulin
Laboratoire de Calcul des Probabilités
Université Pierre et Marie Curie
4, place Jussieu, Tour 56
75230 Paris Cedex 05
France

AMS Subject Classifications (1980): 60Gxx, 60Hxx, 60Jxx

ISBN 3-540-10265-5 Springer-Verlag Berlin Heidelberg New York
ISBN 0-387-10265-5 Springer-Verlag New York Heidelberg Berlin

CIP-Kurztitelaufnahme der Deutschen Bibliothek
Jeulin, Thierry:
Semi-martingales et grossissement d'une filtration / Thierry Jeulin.
- Berlin, Heidelberg, New York: Springer, 1980.
(Lecture notes in mathematics; 833: Ser. Inst. de Mathématique, Univ. de Strasbourg)
ISBN 3-540-10265-5 (Berlin, Heidelberg, New York)
ISBN 0-387-10265-5 (New York, Heidelberg, Berlin)

This work is subject to copyright. All rights are reserved, whether the whole or part of the material is concerned, specifically those of translation, reprinting, re-use of illustrations, broadcasting, reproduction by photocopying machine or similar means, and storage in data banks. Under § 54 of the German Copyright Law where copies are made for other than private use, a fee is payable to the publisher, the amount of the fee to be determined by agreement with the publisher.

© by Springer-Verlag Berlin Heidelberg 1980
Printed in Germany

Printing and binding: Beltz Offsetdruck, Hemsbach/Bergstr.
2141/3140-543210

TABLE DES MATIERES

* * * * *

ENGLISH SUMMARY

Probabilists have now fully accepted Doob's idea, that the adequate structure for the study of stochastic processes is that of a probability space (Ω, $\underline{\underline{A}}$, P), filtered by an increasing family $\underline{\underline{F}} = (\underline{\underline{F}}_t)_{t\geq 0}$ of σ-fields. While $\underline{\underline{A}}$ represents the whole universe, $\underline{\underline{F}}_t$ consists of all events whose outcome is known to the observer at time t, and predictions at time t are conditional expectations $E[.|\underline{\underline{F}}_t]$.

A slightly more precise structure, well known for instance in filtering theory, is given by a pair $\underline{\underline{F}},\underline{\underline{G}}$ of filtrations on the same space, such that $\underline{\underline{F}}_t \subset \underline{\underline{G}}_t$ for all t. It describes the evolution of a <u>partially observable system</u>. In filtering theory, $\underline{\underline{F}}$ is usually constructed by forgetting some information available in $\underline{\underline{G}}$. The purpose of this book is inverse : we start from $\underline{\underline{F}}$ and get $\underline{\underline{G}}$ by forcing information into $\underline{\underline{F}}$, either all of a sudden at time 0 (<u>initial</u> enlargement), or progressively, by deciding that some random variables should be added to the set of stopping times (<u>progressive</u> enlargement). Our aim consists in measuring how much the prediction processes relative to $\underline{\underline{F}}$ have been distorted by the new informations. Precisely, one may rise two questions (to appreciate them, recall Stricker's theorem : any $\underline{\underline{G}}$-semi-martingale adapted to $\underline{\underline{F}}$ is an $\underline{\underline{F}}$-semi-martingale).

1) Does an $\underline{\underline{F}}$-martingale X remain a $\underline{\underline{G}}$-semi-martingale ?

2) If it does, give an explicit decomposition of X into a $\underline{\underline{G}}$-local martingale and a process of bounded variation.

If the answer to the first question is yes for all X, we say that <u>hypothesis</u> ($\underline{\underline{H}}'$) is satisfied (hypothesis ($\underline{\underline{H}}$) would mean that $\underline{\underline{F}}$-martingales remain $\underline{\underline{G}}$-martingales ; it doesn't concern us here). For instance, the basic Barlow-Yor theorem states that ($\underline{\underline{H}}'$) is satisfied whenever one single <u>honest random variable</u> is added to $\underline{\underline{F}}$ as a stopping time.

We have tried to give here a full account of the subject as it is known at the present time, including a lot of " concrete" results : applications to Markov processes, and explicit computations on Brownian motion. We refer to the more precise French introduction for details . The abstract theory is mostly concentrated in chapters I-III, and the reader interested mostly in the examples may skip entirely chapter II.

INTRODUCTION

L'étude des distributions des derniers temps de sortie d'un ensemble (et de variables qui leur sont liées) a été abordée par divers auteurs (K.L. Chung, R.K. Getoor, B. Maisonneuve, P.W. Millar, M.J. Sharpe, D. Williams pour n'en citer que quelques-uns) dans le cadre de certaines diffusions (mouvement brownien, processus de Bessel, etc...) ou dans un cadre markovien général.

Ces temps n'étant pas des temps d'arrêt, il a fallu dégager de nouvelles méthodes pour cette étude, méthodes qui, pour l'essentiel utilisaient le retournement du temps.

L'utilisation du calcul stochastique (martingales, formule d'Ito en particulier) a, par ailleurs, peu à peu supplanté les diverses techniques purement markoviennes antérieurement utilisées.

C'est encore à l'aide du calcul stochastique que l'on aborde, dans ce volume, l'étude des derniers temps de sortie : on fait d'un tel temps un temps d'arrêt pour une nouvelle filtration.

Les problèmes de conditionnement d'un processus par une variable aléatoire L amènent naturellement aussi à "grossir" la filtration originelle : on connait la variable L au temps zéro.

De façon générale, on suppose données sur un espace probabilisé complet $(\Omega,\underline{\underline{A}},P)$ deux filtrations $\underline{\underline{F}} = (\underline{\underline{F}}_t)_{t\geq 0}$ et $\underline{\underline{G}} = (\underline{\underline{G}}_t)_{t\geq 0}$ telles que, pour tout t, on ait l'inclusion : $\underline{\underline{F}}_t \subset \underline{\underline{G}}_t$.

C. Stricker a montré que toute $\underline{\underline{G}}$-semi-martingale adaptée à la filtration $\underline{\underline{F}}$ est une $\underline{\underline{F}}$-semi-martingale.

Le problème du grossissement abordé ici est le problème inverse :

- on cherche des conditions sur $\underline{\underline{G}}$ pour toute semi-martingale par rapport à $\underline{\underline{F}}$ reste une semi-martingale par rapport à $\underline{\underline{G}}$ - on dit alors que $\underline{\underline{G}}$ satisfait à l'hypothèse $\underline{\underline{H}}'$. Dans ce cas toute $\underline{\underline{F}}$-semi-martingale spéciale le reste pour la filtration $\underline{\underline{G}}$.

- On se pose aussi le problème, si $\underline{\underline{H}}'$ est vérifiée, de donner les décompositions canoniques, par rapport à $\underline{\underline{G}}$, des $\underline{\underline{F}}$-semi-martingales spéciales (la connaissance des décompositions canoniques est particulièrement importante dans le cadre des processus de Markov : elle permet de calculer les générateurs infinitésimaux).

- Dans le cas où $\underline{\underline{H}}'$ n'est pas vérifiée, on cherche aussi à distinguer des classes de semi-martingales par rapport à $\underline{\underline{F}}$ qui restent des semi-martingales par rapport à la filtration $\underline{\underline{G}}$.

L'exposé qui suit est une synthèse de la plupart des résultats connus sur le problème du grossissement ; ces résultats sont dus à de nombreux auteurs (en particulier M. Barlow, C. Dellacherie, J. Jacod, T. Jeulin, P.A. Meyer ou M. Yor) et on a essayé d'en donner des démonstrations unifiées.

Un premier chapitre est consacré à des rappels, tant du cours de P.A. Meyer sur l'intégration stochastique, que des développements récents de la théorie des semi-martingales dont on se sert ultérieurement.

Au chapitre II, on étudie, lorsque $\underline{\underline{H}}'$ est vérifiée, les propriétés de continuité de l'opérateur de grossissement, considéré sur divers espaces de $\underline{\underline{F}}$-semi-martingales. En utilisant des résultats de E.M. Nikishin sur les opérateurs "superlinéaires", on donne alors des conditions nécessaires et suffisantes pour que $\underline{\underline{H}}'$ soit en vigueur.

On approfondit ensuite l'étude des deux cas particuliers suivants :

- $\underline{\underline{G}}$ est obtenue par adjonction à $\underline{\underline{F}}_0$ d'une sous-tribu séparable $\underline{\underline{E}}$ de $\underline{\underline{A}}$; c'est ce que nous appelons le grossissement <u>initial</u> de la filtration $\underline{\underline{F}}$ à l'aide de $\underline{\underline{E}}$. Lorsque la tribu $\underline{\underline{E}}$ que l'on adjoint à $\underline{\underline{F}}_0$ est atomique, J. Jacod et P.A. Meyer ont montré que $\underline{\underline{H}}'$ était vérifiée ; on explicite les décompositions canoniques. Dans le cas général, la méthode consiste à travailler par approximations discrètes et à appliquer les critères généraux établis au chapitre II. A côté de l'étude théorique, on donne des exemples (et contre-exemples) concrets, ayant surtout trait au mouvement brownien réel.

- $\underline{\underline{G}}$ est la plus petite filtration continue à droite, contenant $\underline{\underline{F}}$ et faisant d'une variable aléatoire positive donnée L un temps d'arrêt ; on parle alors de grossissement <u>progressif</u> de $\underline{\underline{F}}$ à l'aide de L. Lorsque L est quelconque, les résultats sont très semblables à ceux du grossissement initial. Par contre, lorsque L est <u>honnête</u>, $\underline{\underline{H}}'$ se trouve vérifiée et on connait explicitement les décompositions canoniques, par rapport à $\underline{\underline{G}}$, des $\underline{\underline{F}}$-martingales locales ; la grande simplicité des résultats obtenus dans ce cas par M. Barlow (et M. Yor) tient au fait que la tribu $\underline{\underline{G}}$-prévisible est alors engendrée par la tribu $\underline{\underline{F}}$-prévisible et le seul intervalle stochastique $]\!]0,L]\!]$.

Le champ d'application du grossissement d'une filtration est assez vaste ; le dernier chapitre est là pour le montrer (nous ne prétendons pas y être originaux quant aux résultats énoncés ; ce sont les méthodes de démonstration qui nous paraissent efficaces) :

- en ce qui concerne les temps coterminaux (éventuellement randomisés) d'un processus de Markov, le théorème de P.A. Meyer - R.T. Smythe et J.B. Walsh ou les résultats d'indépendance conditionnelle de A.O. Pittenger et C.T. Shih découlent de "bons choix" de projections optionnelles ;

- les formules de décomposition canonique des semi-martingales dans des grossissements (successifs) à l'aide de variables honnêtes, jointes à des résultats d'existence et d'unicité de solutions d'équations différentielles stochastiques, permettent de retrouver des décompositions de D. Williams des trajectoires des diffusions réelles ;

- le conditionnement d'une diffusion réelle régulière par les valeurs d'une variable aléatoire U (par exemple son minimum) s'étudie -naturellement- par adjonction initiale de U ;

- l'utilisation plus ou moins combinée des techniques précédentes est illustrée par l'étude de quelques semi-martingales remarquables : processus de Bessel, pont brownien, excursions normalisées du mouvement brownien réel en dehors de ses zéros.

Une grande partie de cette mise au point sur l'étude du comportement des semi-martingales dans un grossissement de filtration est basée sur des articles écrits avec M. Yor ; je le remercie très vivement de sa collaboration et de ses conseils. Je remercie également J. Azéma et P.A. Meyer sans qui ce travail n'aurait pas vu le jour ; de nombreux points ont pu être approfondis et améliorés grâce à leurs conseils et à leurs amicales critiques.

Le manuscrit a été dactylographié au Laboratoire de Calcul des Probabilités de l'Université P. et M. Curie par J. Lauzanne ; je la remercie très vivement pour tout le soin et toute la gentillesse qu'elle a apportés à ce périlleux exercice.

CHAPITRE I. PRELIMINAIRES.

Avant d'aborder à proprement parler les problèmes de grossissement des filtrations, nous allons rappeler quelques résultats importants dans la suite. Nous supposons connus l'ouvrage "Capacités et processus stochastiques" de Dellacherie ([7]), ainsi que le cours de Meyer sur les semi-martingales et l'intégration stochastique ([39]) dont nous adoptons les notations.

I-1 Notations générales, semi-martingales.

La donnée est un espace probabilisé complet $(\Omega,\underline{\underline{A}},P)$ muni d'une famille croissante $\underline{\underline{F}} = (\underline{\underline{F}}_t)_{t\geq 0}$ de sous-tribus de $\underline{\underline{A}}$ vérifiant les conditions habituelles.

On convient d'identifier les processus indistinguables. Si H est un processus et L une variable aléatoire positive, H^L désigne le processus H arrêté en L : $H^L_t(\omega) = H_{t\wedge L(\omega)}(\omega)$.

Nous serons amenés à changer de filtration et de probabilité ; aussi allons nous donner des notations précises ; nous abandonnerons les références à la filtration et/ ou à la probabilité lorsqu'il n'y aura pas de risque de confusion ; les notations les plus simples seront toujours réservées à la filtration $\underline{\underline{F}}$ et à la probabilité P.

Un processus mesurable H est dit $(\underline{\underline{F}},P)$-localement intégrable s'il existe une suite croissante $(T_n)_{n\geq 0}$ de $\underline{\underline{F}}$-temps d'arrêt telle que $\sup_n T_n = +\infty$, $T_n < +\infty$ et $\sup\{E_P[|H_T^{T_n}| ; T_n > 0] ; T$ $\underline{\underline{F}}$-temps d'arrêt$\}$ est fini pour tout n. Si H est $(\underline{\underline{F}},P)$-localement intégrable, on note ${}^{o-P/\underline{\underline{F}}}H$ (resp. ${}^{p-P/\underline{\underline{F}}}H$) sa projection $(\underline{\underline{F}},P)$-optionnelle (resp. prévisible).

Soit A un processus à variation $(\underline{\underline{F}},P)$-localement intégrable (i.e. A est à trajectoires P-p.s. continues à droite, à variation finie sur tout intervalle borné de $\mathbb{R}_+$, et à variation $\int_0^{\cdot} |dA_s|$ $(\underline{\underline{F}},P)$-localement intégrable) ; on note $A^{o-P/\underline{\underline{F}}}$ (resp. $A^{p-P/\underline{\underline{F}}}$) la projection duale $(\underline{\underline{F}},P)$-optionnelle (resp. prévisible) de A.

$\underline{\underline{V}}(\underline{\underline{F}})$ (resp. $\underline{\underline{V}}_p(\underline{\underline{F}})$) désigne l'espace des processus à variation finie, adaptés à la filtration $\underline{\underline{F}}$ (resp. $\underline{\underline{F}}$-prévisibles) ; rappelons que si A appartient à $\underline{\underline{V}}_p(\underline{\underline{F}})$, alors A est à variation $(\underline{\underline{F}},P)$-localement bornée.

$\underline{\underline{L}}(\underline{\underline{F}},P)$ est l'espace des $(\underline{\underline{F}},P)$-<u>martingales locales</u> ; $L(\underline{\underline{F}},P)$ est somme directe de l'espace $\underline{\underline{L}}^c_0(\underline{\underline{F}},P)$ des martingales locales à trajectoires continues nulles en 0 et de l'espace $\underline{\underline{L}}^d(\underline{\underline{F}},P)$ des martingales locales purement discontinues (X appartient à $\underline{\underline{L}}^d$ si et seulement si XN appartient à $\underline{\underline{L}}$ pour tout N de $\underline{\underline{L}}^c_0$).

$\underline{\underline{S}}(\underline{\underline{F}},P) = \underline{\underline{L}}(\underline{\underline{F}},P) + \underline{\underline{V}}(\underline{\underline{F}})$ est l'espace des $(\underline{\underline{F}},P)$-semi-martingales,

$\underline{\underline{S}}_{sp}(\underline{\underline{F}},P) = \underline{\underline{L}}(\underline{\underline{F}},P) + \underline{\underline{V}}_p(\underline{\underline{F}})$ est l'espace des $(\underline{\underline{F}},P)$-semi-martingales spéciales.

$\underline{\underline{L}} \cap \underline{\underline{V}}$ étant inclus dans L^d, on peut définir pour toute semi-martingale X sa partie martingale (locale) continue X^c ; $[X^c,X^c]$ est l'unique processus croissant continu tel que $(X^c)^2 - [X^c,X^c]$ appartienne à $\underline{\underline{L}}$; les processus $[X,X]_{\bullet} = [X^c,X^c]_{\bullet} + \sum_{0<s\leq \bullet} (\Delta X_s)^2$ ($X_{0-} = 0$ et $X^*_{\bullet} = \sup_{s\leq \bullet} |X_s|$ sont définis pour toute semi-martingale X ; de plus, si X appartient à $\underline{\underline{L}}$, $X^2 - [X,X]$ appartient aussi à $\underline{\underline{L}}$ (en particulier X est nulle si et seulement si $[X,X]$ est nul).

Signalons une autre définition de $[X,X]$: pour $t \in \mathbb{R}_+$ et $\tau = (0=t_0 < t_1 <\dots< t_n < t_{n+1}=t)$ subdivision de $[0,t]$, on forme :

$S_\tau(X) = X_0^2 + \sum_{i=0}^{i=n} (X_{t_{i+1}} - X_{t_i})^2$; alors $[X,X]_t$ est la limite en probabilité de $S_\tau(X)$ quand le pas de la subdivision τ tend vers 0.

Par polarisation, on définit pour X et Y dans $\underline{\underline{S}}$ le processus à variation finie $[X,Y]$ qui vérifie l'inégalité de Cauchy-Schwarz :

$$|[X,Y]| \leq \int_0^{\bullet} |d[X,Y]_s| \leq [X,X]^{\frac{1}{2}} [Y,Y]^{\frac{1}{2}},$$

l'inégalité de Kunita-Watanabe :

$$\int_0^{\bullet} |H_s K_s| |d[X,Y]_s| \leq \left(\int_0^{\bullet} H_s^2 \, d[X,X]_s\right)^{\frac{1}{2}} \left(\int_0^{\bullet} K_s^2 \, d[Y,Y]_s\right)^{\frac{1}{2}}$$

pour tous processus H et K mesurables, et l'inégalité de Minkovski :

$$[X+Y,X+Y]^{\frac{1}{2}} \leq [X,X]^{\frac{1}{2}} + [Y,Y]^{\frac{1}{2}} ;$$

en outre :

$$[X,Y] = [X^c,Y^c] + \sum_{0<s\leq \bullet} (\Delta X_s)(\Delta Y_s).$$

Notons sans démonstration les caractérisations suivantes des semi-martingales spéciales :

Lemme (1,1) (Yoeurp, Stricker) : il y a équivalence entre :

i) X appartient à $\underline{\underline{S}}_{sp}(\underline{\underline{F}},P)$;

ii) X appartient à $\underline{\underline{S}}(\underline{\underline{F}},P)$ et X^* est $(\underline{\underline{F}},P)$-localement intégrable ;

iii) X appartient à $\underline{\underline{S}}(\underline{\underline{F}},P)$ et $[X,X]^{\frac{1}{2}}$ est $(\underline{\underline{F}},P)$-localement intégrable ;

iv) X appartient à $\underline{\underline{S}}(\underline{\underline{F}},P)$ et pour toute décomposition $X = M + A$, où M appartient à $\underline{\underline{L}}(\underline{\underline{F}},P)$ et A à $\underline{\underline{V}}(\underline{\underline{F}})$, A est localement intégrable.

En outre $\underline{\underline{L}}_0(\underline{\underline{F}},P) \cap \underline{\underline{V}}_p(\underline{\underline{F}})$ (*) est réduit à $\{0\}$ si bien que pour tout X de $\underline{\underline{S}}_{sp}(\underline{\underline{F}},P)$ la décomposition $X = \overline{X} + X$ $(\overline{X} \in \underline{\underline{L}}(\underline{\underline{F}},P),\ X \in \underline{\underline{V}}_p(\underline{\underline{F}}),\ X_0 = 0)$ est unique et est dite $(\underline{\underline{F}},P)$-canonique.

Proposition (1,2) (décomposition de Jacod-Mémin) : soit $X \in \underline{\underline{S}}(\underline{\underline{F}},P)$;

a) le processus $K = \sum_{0<s\leq \cdot} (\Delta X_s)\, 1_{\{|\Delta X_s| \geq 1\}}$ appartient à $\underline{\underline{V}}(\underline{\underline{F}})$;

b) on peut écrire de manière unique $X = X_0 + K + A + M$,

où $A_0 = M_0 = 0$, $M \in \underline{\underline{L}}(\underline{\underline{F}},P)$, $A \in \underline{\underline{V}}_p(\underline{\underline{F}})$; de plus $|\Delta A| \leq 1$, $|\Delta M| \leq 2$.

Démonstration : a) Les trajectoires d'une semi-martingale sont réglées et n'ont qu'un nombre fini de sauts d'amplitude supérieure à 1 sur tout intervalle borné.

b) On peut supposer $X_0 = 0$; la semi-martingale $Y = X - K$ est à sauts bornés par 1 et est donc spéciale $(Y^* \leq 1 + Y^*_-)$; la décomposition annoncée existe et est unique (lemme (1,1)) ; en outre on a :

$Y = M + A$, $\Delta Y = \Delta M + \Delta A$, ${}^P(\Delta Y) = \Delta A$.

Pour H processus $\underline{\underline{F}}$-prévisible, $(\underline{\underline{F}},P)$-localement borné, et X $(\underline{\underline{F}},P)$-semi-martingale, on note $H \cdot X$ l'intégrale stochastique de H par rapport à X. $(H,X) \to H\cdot X$ est bilinéaire ; $(H \cdot X)^c = H \cdot X^c$, $\Delta(H \cdot X) = H\ \Delta X$. Pour tout $\underline{\underline{F}}$-temps d'arrêt T, $(H \cdot X)^T = H \cdot X^T$, tandis que si H et K sont $\underline{\underline{F}}$-prévisibles localement bornés, $H \cdot (K \cdot X) = (HK) \cdot X$.

Si X appartient à $\underline{\underline{V}}(\underline{\underline{F}})$, $H \cdot X$ est l'intégrable de Stieljes $\int_{0-}^{\cdot} H_s dX_s$.

Si X appartient à $\underline{\underline{L}}(\underline{\underline{F}},P)$ et si H est $\underline{\underline{F}}$-prévisible tel que le processus $(\int_0^{\cdot} H_s^2\, d[X,X]_s)^{\frac{1}{2}}$ soit $(\underline{\underline{F}},P)$-localement intégrable, $H \cdot X$ est l'unique élément de $\underline{\underline{L}}(\underline{\underline{F}},P)$ tel que l'on ait, pour tout N de $\underline{\underline{L}}(\underline{\underline{F}},P)$: $[H\cdot X,N] = H \cdot [X,N]$.

Notons enfin la conséquence de la formule d'Ito : pour X et Y dans $\underline{\underline{S}}(\underline{\underline{F}},P)$,

$XY = X_- \cdot Y + Y_- \cdot X + [X,Y]$.

Lorsque $[X,Y]$ est $(\underline{\underline{F}},P)$ localement intégrable, sa projection duale $(\underline{\underline{F}},P)$-prévisible est notée $\langle X,Y \rangle$.

(*) Si $\underline{\underline{C}}$ est une classe de processus, $\underline{\underline{C}}_0 = \{C \in \underline{\underline{C}},\ C_0 = 0\}$.

I-2 Espaces $\underline{\underline{H}}^r$ de semi-martingales.

Pour $1 \leq r < +\infty$, l'espace $\underline{\underline{H}}^r(\underline{\underline{F}},P)$ est constitué des semi-martingales spéciales X dont la décomposition canonique $X = \overline{X} + \chi$ $(\overline{X} \in \underline{\underline{L}}, \chi \in \underline{\underline{V}}_p,\ \chi_0 = 0)$ vérifie :

$$(1,3)\quad \left\|\,[\overline{X},\overline{X}]_\infty^{\frac{1}{2}} + \int_0^\infty |d\chi_s|\,\right\|_r < +\infty \quad \text{(cf. Emery [14]).}$$

(1,3) définit une norme sur $\underline{\underline{H}}^r(\underline{\underline{F}},P)$ notée $\|\cdot\|_{\underline{\underline{H}}^r(\underline{\underline{F}},P)}$; on prolonge cette définition en posant pour toute semi-martingale X qui n'appartient pas $\underline{\underline{H}}^r$: $\|X\|_{\underline{\underline{H}}^r} = +\infty$.

$\underline{\underline{M}}^r = \underline{\underline{L}} \cap \underline{\underline{H}}^r$;

$\underline{\underline{BMO}} = \{X \in \underline{\underline{L}},\ {}^o([X,X]_\infty - [X,X]_-)$ est borné$\}$,

$\|X\|^2_{\underline{\underline{BMO}}} = \inf\{C \mid {}^o([X,X]_\infty - [X,X]_-) \leq C\}$.

Tous les espaces ainsi définis sont des espaces de Banach ; le dual de M^1 est $\underline{\underline{BMO}}$, celui de $\underline{\underline{M}}^r$ est $\underline{\underline{M}}^{r'}$ $(\frac{1}{r} + \frac{1}{r'} = 1)$, la dualité étant donnée par : $(X,Y) \to E\big[[X,Y]_\infty\big]$; on dispose des inégalités de Burkholder-Davis-Gundy (cf. [39]) : pour tout r, $1 \leq r < +\infty$, il existe des constantes universelles c_r et C_r $(0 < c_r \leq C_r < +\infty)$ telles que pour $X \in \underline{\underline{L}}$,

$$(1,4)\quad c_r\ \|X^*_\infty\|_r \leq \|X\|_{\underline{\underline{M}}^r} \leq C_r\ \|X^*_\infty\|_r$$

et de Fefferman : pour $X \in \underline{\underline{M}}^1$ et $Y \in \underline{\underline{BMO}}$,

$$(1,5)\quad E\Big[\int_{0-}^\infty |d[X,Y]_s|\Big] \leq \sqrt{2}\ \|Y\|_{\underline{\underline{BMO}}}\ \|X\|_{\underline{\underline{M}}^1}.$$

Rappelons en outre que l'ensemble des martingales bornées est dense dans $\underline{\underline{M}}^r$ $(r \geq 1)$.

Nous allons maintenant indiquer d'autres normes équivalentes aux normes $\|\cdot\|_{\underline{\underline{H}}^r}$; commençons par démontrer un théorème de projection dû à Yor ([60]) et Lépingle ([32]) :

<u>Théorème (1,6)</u> : <u>soit</u> Z <u>un processus optionnel mince tel que</u> $(\sum_{s\leq \cdot} Z_s^2)^{\frac{1}{2}}$ <u>soit localement intégrable ; pour tout</u> r, $1 \leq r < +\infty$, <u>il existe une constante universelle</u> γ_r <u>telle que</u> :

$$(1,7)\quad \|(\Sigma_s ({}^pZ)_s^2)^{\frac{1}{2}}\|_r \leq \gamma_r\ \|(\Sigma_s Z_s^2)^{\frac{1}{2}}\|_r \quad (\gamma_1 = 2).$$

Démonstration : a) Z étant optionnel mince, ${}^pZ$ est mince ; commencons par traiter le cas où $r = 1$ et faisons la convention : $Z_\infty = {}^pZ_\infty = 0$.

$$E\left[(\Sigma_s({}^pZ)_s^2)^{\frac{1}{2}}\right] = \sup E\left[(\Sigma_0^N({}^pZ)_{T_n}^2)^{\frac{1}{2}}\right],$$

le sup étant pris sur les suites finies de temps d'arrêt prévisibles $(T_i)_{0\leq i\leq N}$ telles que $T_i < T_{i+1}$ sur $\{T_i < +\infty\}$.

Pour une telle suite,

$$E\left[(\Sigma_0^N({}^pZ)_{T_n}^2)^{\frac{1}{2}}\right] = \sup\{E[\Sigma_0^N\, {}^pZ_{T_n} H_n] \; ; \; \Sigma_0^N H_n^2 \leq 1 \quad P\text{-p.s.}\}.$$

Or si $h_n = E[H_n | \underline{\underline{F}}_{T_n -}]$, $f_t = \Sigma_0^N Z_{T_n} 1_{\{T_n \leq t\}}$ et $g_t = \Sigma_0^N h_n 1_{\{T_n \leq t\}}$,

$$E[\Sigma_0^N\, {}^pZ_{T_n} H_n] = E[\Sigma_0^N Z_{T_n} h_n] \leq E[\Sigma_0^N |Z_{T_n}||h_n|] = E\left[[f,g]_\infty\right]$$

$$\leq E\left[\Sigma_s \frac{|\Delta f_s|}{[f,f]_s^{1/4}} [f,f]_s^{1/4} |\Delta g_s|\right]$$

$$\leq E\left[\left(\int_0^\infty [f,f]_s^{-\frac{1}{2}} d[f,f]_s\right)^{\frac{1}{2}} \left(\int_0^\infty [f,f]_s^{\frac{1}{2}}\, d[g,g]_s\right)^{\frac{1}{2}}\right]$$

$$\leq 2\left(E\left[[f,f]_\infty^{\frac{1}{2}}\right]\right)^{\frac{1}{2}} \left(E\left[\int_0^\infty ([g,g]_\infty - [g,g]_{s-})\, d[f,f]_s^{\frac{1}{2}}\right]\right)^{\frac{1}{2}}.$$

$[f,f]^{\frac{1}{2}}$ étant un processus croissant optionnel, on peut remplacer dans le deuxième terme $[g,g]_\infty - [g,g]_-$ par sa projection optionnelle ; or pour tout temps d'arrêt T, on a :

$$E\left[[g,g]_\infty - [g,g]_{T-}\right] = E\left[\int_T^\infty d[g,g]_s\right] + E[(\Delta g)_T^2]$$

$$= \sum_n E[h_n^2, T < T_n] + \sum_n E[h_n^2, T = T_n < +\infty]$$

$$\leq \sum_n E[H_n^2, T < T_n] + P[T < +\infty] \leq 2\, P[T < +\infty]$$

($\{T < T_n\}$ appartient à $\underline{\underline{F}}_{T_n -}$ et $\Sigma_0^N H_n^2 \leq 1$ implique $|h_n| \leq 1$) ;

on a donc : ${}^o([g,g]_\infty - [g,g]_-) \leq 2$ et par suite

$$E[\Sigma_0^N |Z_{T_n}||h_n|] \leq 2\; E\left[(\Sigma_0^N Z_{T_n}^2)^{\frac{1}{2}}\right] \text{ et } ||(\Sigma_s({}^pZ)_s^2)^{\frac{1}{2}}||_1 \leq 2\; ||(\Sigma_s Z_s^2)^{\frac{1}{2}}||_1.$$

b) Supposons maintenant $r > 1$; on peut supposer $(\Sigma_s Z_s^2)^{\frac{1}{2}} \in L^r$; pour toute suite finie $T_0 < T_1 < \ldots < T_N$ de temps d'arrêt prévisibles, $U = \Sigma_0^N (Z_{T_n} - {}^pZ_{T_n}) 1_{[\![T_n,\infty[\![}$ est une martingale et pour toute martingale bornée M, on a :

$$E\left[[U,M]_\infty\right] = E\left[\Sigma_0^N (Z_{T_n} - {}^pZ_{T_n})\,\Delta M_{T_n}\right] = E\left[\Sigma_0^N Z_{T_n}\,\Delta M_{T_n}\right]$$

$$\leq E\left[(\Sigma_0^N Z_{T_n}^2)^{\frac{1}{2}}\,[M,M]_\infty^{\frac{1}{2}}\right] \leq ||(\Sigma_s Z_s^2)^{\frac{1}{2}}||_r \cdot ||[M,M]_\infty^{\frac{1}{2}}||_{r'}\quad (\tfrac{1}{r} + \tfrac{1}{r'} = 1).$$

En faisant varier M dans une famille dense dans la boule unité de $\underline{\underline{M}}^{r'}$, on obtient d'après (1,4) et l'inégalité de Doob :

$$||U||_{\underline{\underline{M}}^r} = ||(\Sigma_0^N (Z_{T_n} - {}^pZ_{T_n})^2)^{\frac{1}{2}}||_r \leq (\gamma_r - 1)\,||(\Sigma_s Z_s^2)^{\frac{1}{2}}||_r$$

(où γ_r est une constante universelle, $1 \leq \gamma_r < +\infty$), et

$$||(\Sigma_s ({}^pZ)_s^2)^{\frac{1}{2}}||_r \leq \gamma_r\ ||(\Sigma_s Z_s^2)^{\frac{1}{2}}||_r.$$

Corollaire (1,8) : soit $X \in \underline{\underline{S}}_{sp}$, $X = \overline{X} + \chi$ sa décomposition canonique ($\overline{X} \in \underline{\underline{L}}$, $\chi \in \underline{\underline{V}}_p$, $\chi_0 = 0$) ; pour tout réel r, $1 \leq r < +\infty$, on a :

$$(1,9)\qquad ||[\chi,\chi]_\infty^{\frac{1}{2}}||_r \leq \gamma_r\ ||[X,X]_\infty^{\frac{1}{2}}||_r$$

$$||[\overline{X},\overline{X}]_\infty^{\frac{1}{2}}||_r \leq (1 + \gamma_r)\ ||[X,X]_\infty^{\frac{1}{2}}||_r.$$

Démonstration : on a : ${}^p(\Delta X) = \Delta\chi$; la première inégalité est une conséquence directe du théorème (1,6) et de $\Sigma_s(\Delta X_s)^2 \leq [X,X]_\infty$; la deuxième découle de l'inégalité $[\overline{X},\overline{X}]_\infty^{\frac{1}{2}} \leq [X,X]_\infty^{\frac{1}{2}} + [\chi,\chi]_\infty^{\frac{1}{2}}$.

Notons $\underline{\underline{J}}(\underline{\underline{F}})$ l'ensemble des processus $\underline{\underline{F}}$-prévisibles bornés par 1 et $\underline{\underline{J}}^e(\underline{\underline{F}})$ le sous ensemble de $\underline{\underline{J}}(\underline{\underline{F}})$ constitué des processus élémentaires, i.e. pouvant s'écrire sous la forme $j_0\,1_{[[0]]} + \sum_{i=1}^{i=n} j_i\,1_{]]t_i,t_{i+1}]]}$ $(0 \leq t_1 < \ldots < t_{n+1} < +\infty)$.

Corollaire (1,10) : pour X appartenant à $\underline{\underline{S}}(\underline{\underline{F}},P)$ et r réel, $1 \leq r < +\infty$, soient

$$\sigma_r^e(X,\underline{\underline{F}},P) = \sup\{||\int_{0-}^t J_s\,dX_s||_{L^r(P)},\ t \in \mathbb{R}_+,\ J \in \underline{\underline{J}}^e(\underline{\underline{F}})\}\ \text{et}$$

$$\sigma_r(X,\underline{\underline{F}},P) = \sup\{||\int_{0-}^t J_s\,dX_s||_{L^r(P)},\ t \in \mathbb{R}_+,\ J \in \underline{\underline{J}}(\underline{\underline{F}})\}.$$

Il existe des constantes universelles δ_r et Δ_r, $0 < \delta_r \leq \Delta_r < +\infty$, telles que :

$$\delta_r ||X||_{\underline{\underline{H}}^r(\underline{\underline{F}},P)} \leq \sigma_r^e(X,\underline{\underline{F}},P) \leq \sigma_r(X,\underline{\underline{F}},P) \leq \Delta_r\ ||X||_{\underline{\underline{H}}^r(\underline{\underline{F}},P)}.$$

<u>Démonstration</u> : a) Si X appartient à $\underline{\underline{H}}^r$, de décomposition canonique $X = \overline{X} + \chi$, et si $J \in \underline{\underline{J}}$, $t \in \mathbb{R}_+$,

$$||\int_{0-}^{t} J_s\, dX_s||_r \leq ||\int_{0-}^{t} J_s\, d\overline{X}_s||_r + ||\int_{0-}^{t} J_s\, d\chi_s||_r$$

$$\leq ||(J\cdot\overline{X})^{\star}_{\infty}||_r + ||\int_0^{\infty} |d\chi_s|||_r \leq \frac{1}{c_r} ||[\overline{X},\overline{X}]^{\frac{1}{2}}_{\infty}||_r + ||\int_0^{\infty} |d\chi_s|||_r \qquad ((1,4))$$

$$\leq (1 + \frac{1}{c_r})\ ||X||_{\underline{\underline{H}}^r}$$; il suffit de prendre $\Delta_r = 1 + \frac{1}{c_r}$.

b) Inversement, supposons $\sigma^e_r(X) < +\infty$; appliquons le lemme de Khintchine : soit $(r_n)_{n>0}$ une suite de variables aléatoires indépendantes définies sur un espace probabilisé $(W,\underline{\underline{W}},Q)$ telles que $Q(r_n = 1) = Q(r_n = -1) = \frac{1}{2}$ pour tout n ; soit $(a_n)_{n\geq 0}$ une suite de réels tels que Σa_n^2 soit fini et notons $f = \Sigma a_n r_n$; alors : $(\Sigma a_n^2)^{\frac{1}{2}} \leq C \int Q(dw)\ |\sum_{n\geq 0} a_n r_n(w)|$ (C constante universelle finie).

On a ici :

$$||[X,X]^{\frac{1}{2}}_t||_r \leq \liminf_{\tau} ||S^{\frac{1}{2}}_{\tau}(X)||_r \qquad \text{(lemme de Fatou)}$$

$$\leq C \liminf_{\tau} ||\int Q(dw)\ |r_0(w)X_0 + \sum_{i=1}^{i=n} r_i(w)\ (X_{t_{i+1}} - X_{t_i})|||_r$$

$$\leq C \liminf_{\tau} \int Q(dw)\ ||r_0(w)X_0 + \sum_{i=1}^{i=n} r_i(w)\ (X_{t_{i+1}} - X_{t_i})||_r$$

$$\leq C\ \sigma^e_r(X).$$

X est en particulier spéciale, de décomposition canonique $X = \overline{X} + \chi$; soit $H \in \underline{\underline{J}}$ densité de χ par rapport à $\int_0^{\bullet} |d\chi_s|$; il existe une suite $({}^nH)_{n\geq 0}$ dans $\underline{\underline{J}}^e$ telle que $({}^nH\cdot\chi)_{\infty}$ converge en probabilité vers $\int_0^{\infty} |d\chi_s|$; on a :

$$||X||_{\underline{\underline{H}}^r} \leq ||[\overline{X},\overline{X}]^{\frac{1}{2}}_{\infty}||_r + ||\int_0^{\infty} H_s\, d\chi_s||_r$$

$$\leq ||[\overline{X},\overline{X}]^{\frac{1}{2}}_{\infty}||_r + \liminf_n ||\int_0^{\infty} {}^nH_s\, d\chi_s||_r$$

$$\leq C\gamma_r\ \sigma^e_r(X) + \liminf_n (||({}^nH\cdot X)_{\infty}||_r + ||({}^nH\cdot\overline{X})||_r \qquad \text{(d'après (1,9))}$$

$$\leq (1 + C\gamma_r)\ \sigma^e_r(X) + \frac{1}{c_r}\ ||[\overline{X},\overline{X}]^{\frac{1}{2}}_{\infty}||_r \qquad \text{(d'après (1,4))}$$

$$\leq (1 + C\gamma_r + C\frac{\gamma_r}{c_r})\sigma^e_r(X).$$

I-3 Semi-martingales et changement de probabilité.

Soit Q une probabilité sur $\underline{\underline{A}}$, équivalente à P ; on note $\tilde{q}$ la densité de Radon-Nykodim de Q par rapport à P et par $q = (q_t)_{t \geq 0}$ une version continue à droite de la martingale $E_q[\tilde{q}|\underline{\underline{F}}_t]$; q et q_- restant strictement positifs, on a : pour tout processus mesurable borné H :

$$\overset{o-Q}{H} = \frac{1}{q} \overset{o-P}{(\tilde{q}\, H)} \quad \text{et} \quad \overset{p-Q}{H} = \frac{1}{q_-} \overset{p-P}{(\tilde{q}\, H)} ;$$

un processus A de $\underline{\underline{V}}(\underline{\underline{F}})$ est Q-localement intégrable si et seulement si $q \cdot A$ est P-localement intégrable, auquel cas on a : $A^{p-Q} = \frac{1}{q_-} \cdot (q \cdot A)^{p-P}$;

en outre un processus continu à droite limité à gauche Y est une Q-martingale locale si et seulement si qY est une P-martingale locale.

Résumons en un seul énoncé les propriétés des changements équivalents de probabilité vis à vis des semi-martingales :

<u>Théorème (1,11)</u> : <u>soit</u> Q <u>une probabilité équivalente à</u> P ; <u>alors</u> :

a) $\underline{\underline{S}}(P) = \underline{\underline{S}}(Q)$;

b) <u>(théorème de Girsanov)</u> <u>soit</u> $X \in \underline{\underline{L}}(P)$; $X - \frac{1}{q} \cdot [X,q]$ <u>appartient à</u> $\underline{\underline{L}}(Q)$; X <u>appartient à</u> $\underline{\underline{S}}_{sp}(Q)$ <u>si et seulement si</u> $\langle X,q \rangle$, <u>projection</u> P-<u>duale prévisible de</u> $[X,q]$ <u>existe, auquel cas</u> $X - \frac{1}{q_-} \langle X,q \rangle$ <u>appartient à</u> $\underline{\underline{L}}(Q)$;

c) <u>si</u> H <u>est un processus prévisible localement borné et</u> X <u>appartient à</u> $\underline{\underline{S}}$, <u>les intégrales stochastiques</u> $H \underset{Q}{\cdot} X$ <u>et</u> $H \underset{P}{\cdot} X$ <u>prises au sens de</u> P <u>et</u> Q <u>sont égales</u> ;

d) $[X,X]$ <u>ne dépend pas de</u> Q <u>équivalente à</u> P.

Indiquons un cas particulier qui nous sera utile plus loin :

<u>Lemme (1,12)</u>:<u>soit</u> Q <u>une probabilité équivalente à</u> P ; <u>supposons</u> $\tilde{q}$ <u>bornée</u> ; <u>soient</u> $\tilde{z}$ <u>une variable aléatoire bornée</u>, $Z_t = E_P[\tilde{z}|\underline{\underline{F}}_t]$, $Z'_t = E_P[\widetilde{qz}|\underline{\underline{F}}_t]$ <u>et</u> $\overline{Z}_t = E_Q[\tilde{z}|\underline{\underline{F}}_t]$. <u>Alors pour</u> $X \in \underline{\underline{S}}_{sp}(P)$,

$$(1,13) \qquad [X,\overline{Z}]^{p-Q} = \frac{1}{q_-} \cdot \langle X,Z' \rangle - \frac{Z'_-}{q_-^2} \cdot \langle X,q \rangle .$$

<u>Démonstration</u> : $[X,\overline{Z}]^{p-Q} = \frac{1}{q_-} \cdot (q \cdot [X,\overline{Z}])^{p-P}$; soit $C = q \cdot [X,\overline{Z}] = q \cdot [X, \frac{Z'}{q}]$; la formule d'Ito donne : $d(\frac{Z'}{q}) = Z'_- \, d(\frac{1}{q}) + \frac{1}{q_-} dZ' + d[Z', \frac{1}{q}]$ et

$$q \cdot [X, \tfrac{1}{q}] = - \frac{1}{q_-} \cdot [X,q], \text{ soit : } C = (qZ'_-) \cdot [X, \tfrac{1}{q}] + \frac{q}{q_-} \cdot [X,Z'] + q \cdot [X, [Z', \tfrac{1}{q}]]$$

$$= - \frac{Z'_-}{q_-} \cdot [X,q] + [X,Z'] .$$

I-4 Quasi-martingales et théorème de Stricker.

Soit X un processus $\underline{\underline{F}}$-adapté, continu à droite ; si $\tau = (0 \leq t_0 < t_1 <\ldots< t_{n+1} < +\infty)$ est une subdivision de $\mathbb{R}_+$, on note

$$(1,14)\quad V_P(X,\underline{\underline{F}},\tau) = +\infty \text{ s'il existe } i \text{ tel que } E_P\left[|X_{t_i}|\right] = +\infty$$

$$= \sum_{i=0}^{i=n} E_P\left[|X_{t_i} - E_P[X_{t_{i+1}}|\underline{\underline{F}}_{t_i}]|\right] \text{ sinon,}$$

$$\overline{V}_P(X,\underline{\underline{F}},\tau) = V_P(X,\underline{\underline{F}},\tau) + E_P\left[|X_{t_{n+1}}|\right]$$

$$V_P(X,\underline{\underline{F}}) = \sup_\tau V_P(X,\underline{\underline{F}},\tau) \quad \text{et} \quad \overline{V}_P(X,\underline{\underline{F}}) = \sup_\tau \overline{V}_P(X,\underline{\underline{F}},\tau).$$

On dit que X est une $(\underline{\underline{F}},P)$-<u>quasi-martingale</u> si sa <u>variation</u> $\overline{V}_P(X,\underline{\underline{F}})$ est finie et on note $\underline{\underline{QM}}(\underline{\underline{F}},P)$ l'espace vectoriel des $(\underline{\underline{F}},P)$-quasi-martingales.

Soit X une $(\underline{\underline{F}},P)$-quasi-martingale ; pour tout réel t et toute subdivision $\tau = (t \leq t_0 < t_1 <\ldots t_{n+1} < +\infty)$ de $[t,+\infty[$, on forme

$$U'_t(\tau) = E\left[\sum_{i=0}^{i=n} (X_{t_i} - E[X_{t_{i+1}}|\underline{\underline{F}}_{t_i}])^+ + X^+_{t_{n+1}} \Big| \underline{\underline{F}}_t\right] \quad \text{et}$$

$$U''_t(\tau) = E\left[\sum_{i=0}^{i=n} (X_{t_i} - E[X_{t_{i+1}}|\underline{\underline{F}}_{t_i}])^- + X^-_{t_{n+1}} \Big| \underline{\underline{F}}_t\right] ;$$

les variables $U'_t(\tau)$ et $U''_t(\tau)$ croissant lorsque l'on raffine la subdivision τ et leurs espérances restent bornées ; elles admettent donc une limite dans L^1 le long de l'ensemble des subdivisions de $[t,+\infty[$, soient U'_t et U''_t ; on montre facilement pour $s \leq t$ les inégalités : $E[U'_t|\underline{\underline{F}}_s] \leq U'_s$ et $E[U''_t|\underline{\underline{F}}_s] \leq U''_s$.

U' et U'' sont des surmartingales intégrables et admettent des limites $X'_t = U'_{t+}$ et $X''_t = U''_{t+}$ le long des rationnels.

$E[X'_0 + X''_0]$ est majoré par $\overline{V}(X)$, tandis que $X_t = U'_t(\tau) - U''_t(\tau)$ pour tout t et toute subdivision τ de $[t,+\infty[$ telle que $t_0 = t$. On a donc $X = U' - U''$ et, par continuité à droite $X = X' - X''$.

X est donc une quasi-martingale si et seulement si X est différence de deux surmartingales positives intégrables (cf. Rao [50] ou Fisk [17]) (la démonstration donnée ci-dessous est dûe à Stricker [53]).

La décomposition de Doob-Meyer des surmartingales positives montre que l'on a les inclusions :

$$\underline{\underline{H}}^1 \subset \underline{\underline{QM}} \subset \underline{\underline{S}}_{sp}.$$

La décomposition canonique $X = \overline{X} + \chi$ ($\overline{X} \in \underline{\underline{L}}$, $\chi \in \underline{\underline{V}}_p$, $\chi_0 = 0$) d'une quasi-martingale X est telle que $E[\int_0^\infty |d\chi_s|]$ soit fini et que $\overline{X}$ soit une martingale locale bornée dans L^1 (i.e. telle que $\sup\{E[|\overline{X}_T|]$, T $\underline{\underline{F}}$-temps d'arrêt fini$\}$ soit fini).

Remarquons que si χ appartient à $\underline{\underline{V}}_p$ et est à variation intégrable, $||\chi||_{\underline{\underline{H}}^1} = V(\chi)$.

Si X appartient à $\underline{\underline{S}}$, on peut écrire $V(X,\tau)$ sous la forme $E[(J\cdot X)_{t_n}]$ où J est le processus prévisible élémentaire :

$$J = \Sigma j_i 1_{]\!]t_i,t_{i+1}]\!]}, \quad j_i = \mathrm{sgn}\{E[X_{t_{i+1}} | \underline{\underline{F}}_{t_i}] - X_{t_i}\}.$$

En outre $\underline{\underline{H}}^1$ est l'ensemble des processus adaptés X tels que $[X,X]$ existe (comme limite en probabilité des sommes $S_\tau(X)$, voir I-1) et que $N(X) = E[[X,X]_\infty^{\frac{1}{2}}] + V(X)$ soit fini. De plus, il existe deux constantes universelles d et D, $0 < d \leq D < +\infty$, telles que pour X dans $\underline{\underline{H}}^1$ on ait :

$$(1,15) \quad d\, ||X||_{\underline{\underline{H}}^1} \leq N(X) \leq D\, ||X||_{\underline{\underline{H}}^1}.$$

<u>Remarque</u> : soit $\underline{\underline{K}}$ une sous filtration de $\underline{\underline{F}}$; pour tout processus $\underline{\underline{K}}$-adapté X, on a :

$$\overline{V}_p(X,\underline{\underline{K}}) \leq \overline{V}_p(X,\underline{\underline{F}}).$$

<u>Proposition (1,16) : soit</u> $X \in \underline{\underline{S}}(\underline{\underline{F}})$; <u>il existe une probabilité</u> Q <u>équivalente à</u> P <u>telle que pour tout entier</u> n, $X_{n\wedge\cdot}$ <u>appartienne à</u> $\underline{\underline{H}}^1(\underline{\underline{F}},Q)$.

<u>Démonstration</u> : pour tout entier n les variables $[X,X]_n$ sont P-p.s. finies ; d'après le lemme de Borel-Cantelli, il existe donc une probabilité Q' équivalente à P telle que $[X,X]_n^{\frac{1}{2}}$ appartienne à $L^1(Q')$ pour tout n ; X appartient alors à $\underline{\underline{S}}_{sp}(\underline{\underline{F}},Q')$; notons $X = \overline{X} + \chi$ sa Q'-décomposition canonique ($\overline{X} \in \underline{\underline{L}}(Q')$, $\chi \in \underline{\underline{V}}_p$).

Il existe de même une probabilité Q équivalente à Q', à densité U bornée, telle que pour tout n, $\int_0^n |d\chi_s|$ appartienne à $L^1(Q)$. On a alors :

$$\sigma_1(X^{(n)},\underline{\underline{F}},Q) = \sup\{E_Q[|(J\cdot X)_n|],\ J \in \underline{\underline{J}}(\underline{\underline{F}})\} \quad (X_t^{(n)} = X_{t\wedge n})$$

$$\leq \sup\{E_Q[|(J\cdot\overline{X})_n|]\ ;\ J \in \underline{\underline{J}}(\underline{\underline{F}})\} + E_Q[\int_0^n |d\chi_s|]$$

$$\leq \|U\|_{L^\infty}\, \sigma_1(\overline{X}^{(n)}, \underline{\underline{F}}, Q') + E_Q\Big[\int_0^n |d\chi_s|\Big]$$

$$\leq \Big(1 + \frac{1}{c_1}\Big)\, \|U\|_{L^\infty}\, E_{Q'}\Big[[X,X]_n^{\frac{1}{2}}\Big] + E_Q\Big[\int_0^n |d\chi_s|\Big] < +\infty.$$

Corollaire (1,17) (Stricker [53]) : soient $\underline{\underline{K}}$ une sous filtration continue à droite de $\underline{\underline{F}}$ et X un processus $\underline{\underline{K}}$-adapté. Si X appartient à $\underline{\underline{S}}(\underline{\underline{F}})$ alors X appartient à $\underline{\underline{S}}(\underline{\underline{K}})$.

Démonstration : soit Q une probabilité à P telle que pour tout entier n, $X^{(n)}$ appartienne à $H^1(\underline{\underline{F}},Q)$; alors $X^{(n)}$ appartient à $\underline{\underline{QM}}(\underline{\underline{F}},Q)$ et donc à $\underline{\underline{QM}}(\underline{\underline{K}},Q)$ et $X^{(n)}$ appartient à $\underline{\underline{S}}(\underline{\underline{K}},Q) = \underline{\underline{S}}(K)$.

Corollaire (1,18) : soit $\underline{\underline{K}}$ une sous filtration continue à droite de $\underline{\underline{F}}$ et soit $X \in \underline{\underline{S}}(\underline{\underline{K}}) \cap \underline{\underline{S}}(\underline{\underline{F}})$; pour H processus $\underline{\underline{K}}$-prévisible localement borné, les intégrales stochastiques $H \underset{\underline{\underline{K}}}{\cdot} X$ et $H \underset{\underline{\underline{F}}}{\cdot} X$ prises au sens de $\underline{\underline{K}}$ et $\underline{\underline{F}}$ sont égales.

Démonstration : quitte à changer de probabilité et à arrêter en n entier, on peut supposer d'après la proposition (1,16) : $X \in \underline{\underline{H}}^1(\underline{\underline{K}}) \cap \underline{\underline{H}}^1(\underline{\underline{F}})$.

Le théorème des classes monotones montre alors que

$$\{J \in \underline{\underline{J}}(\underline{\underline{K}}),\ J \underset{\underline{\underline{F}}}{\cdot} X = J \underset{\underline{\underline{K}}}{\cdot} X\}$$

contenant les processus de $\underline{\underline{J}}^e(\underline{\underline{K}})$ est égal à $\underline{\underline{J}}(\underline{\underline{K}})$.

CHAPITRE II. RESULTATS GENERAUX SUR L'HYPOTHESE $\underline{\underline{H}}'$.

On suppose donnée, outre $\underline{\underline{F}}$, une deuxième filtration $\underline{\underline{G}} = (\underline{\underline{G}}_t)_{t>0}$ continue à droite et telle que : pour tout t, $\underline{\underline{F}}_t \subset \underline{\underline{G}}_t \subset \underline{\underline{A}}$. $\underline{\underline{G}}$ vérifie les conditions habituelles. Nous allons étudier $\underline{\underline{S}}(\underline{\underline{F}}) \cap \underline{\underline{S}}(\underline{\underline{G}})$; on s'intéresse plus particulièrement à l'hypothèse $\underline{\underline{H}}'$:

$\underline{\underline{H}}'$: toute $\underline{\underline{F}}$-semi-martingale est une $\underline{\underline{G}}$-semi-martingale (*).

En utilisant la décomposition de Jacod-Mémin puis par localisation on obtient : $\underline{\underline{H}}'$ est équivalente à

$\underline{\underline{H}}'_b$: toute $\underline{\underline{F}}$-martingale bornée est une $\underline{\underline{G}}$-semi-martingale.

(Il est clair qu'elle est spéciale ; on a d'ailleurs l'inclusion $\underline{\underline{S}}_{sp}(\underline{\underline{F}}) \cap \underline{\underline{S}}(\underline{\underline{G}}) \subset \underline{\underline{S}}_{sp}(\underline{\underline{G}})$)

En particulier, il suffit de tester les martingales de $\underline{\underline{H}}^1(\underline{\underline{F}})$.

Proposition (2,1) : soient $X \in \underline{\underline{L}}(\underline{\underline{F}})$ et H un processus $\underline{\underline{F}}$-prévisible tel que $\left(\int_{0-}^{\cdot} H_s^2 \, d[X,X]_s\right)^{\frac{1}{2}}$ soit $\underline{\underline{F}}$-localement intégrable. Supposons que X appartienne à $\underline{\underline{S}}(\underline{\underline{G}})$ et notons $X = \overline{X} + \chi$ sa $\underline{\underline{G}}$-décomposition canonique ($\overline{X} \in \underline{\underline{L}}(\underline{\underline{G}})$, $\chi \in \underline{\underline{V}}_p(\underline{\underline{G}})$, $\chi_0 = 0$).

Une condition nécessaire et suffisante pour que la $\underline{\underline{F}}$-martingale locale $H\cdot X$ soit une $\underline{\underline{G}}$-semi-martingale est que le processus croissant $\int_0^{\cdot} |H_s||d\chi_s|$ soit fini.

On a alors $H\cdot\chi \in \underline{\underline{V}}_p(\underline{\underline{G}})$ et la $\underline{\underline{G}}$-décomposition canonique de $H\cdot X$ est $H\cdot\overline{X} + H\cdot\chi$.

Démonstration : a) Si H est borné, $H \underset{\underline{\underline{F}}}{\cdot} X = H \underset{\underline{\underline{G}}}{\cdot} X$ et la $\underline{\underline{G}}$-décomposition canonique de $H\cdot X$ est $H\cdot\overline{X} + H\cdot\chi$; d'après le corollaire (1,8), on a :

$$E\left[\left(\int_{0-}^{\infty} H_s^2 \, d[\overline{X},\overline{X}]_s\right)^{\frac{1}{2}}\right] \leq 3 \; E\left[\left(\int_{0-}^{\infty} H_s^2 \, d[X,X]_s\right)^{\frac{1}{2}}\right],$$

inégalité qui se prolonge à tous les processus $\underline{\underline{F}}$-prévisibles H.
Si $H.X$ est défini (i.e. si $\int_{0-}^{\cdot} H_s^2 \, d[X,X]_s)^{\frac{1}{2}}$ est $\underline{\underline{F}}$-localement intégrable), il il en est de même de $H\cdot\overline{X}$ (qui appartient à $\underline{\underline{L}}(\underline{\underline{G}})$).

b) Dire que $H\cdot X$ appartient à $\underline{\underline{S}}(\underline{\underline{G}})$ équivaut donc à : $H.X - H.\overline{X}$ appartient à $\underline{\underline{S}}_{sp}(\underline{\underline{G}})$. Notons $N^H + A^H$ sa $\underline{\underline{G}}$-décomposition canonique et $J^{(n)} = 1_{\{|H|\leq n\}}$ $(n \in \mathbb{N})$.

(*) Nous conservons les notations de [25] ; Brémaud et Yor ([6]) ont étudié l'hypothèse plus restrictive :
$\underline{\underline{H}}$: toute $\underline{\underline{F}}$-martingale locale est une $\underline{\underline{G}}$-martingale locale.

$J^{(n)}\cdot(H\cdot X - H\cdot\overline{X}) = (J^{(n)}H)\cdot X - (J^{(n)}H)\cdot\overline{X} = (J^{(n)}H)\cdot\chi$ appartient à $\underline{\underline{V}}_p(\underline{\underline{G}})$; on a donc $J^{(n)}\cdot N^H = 0$, $J^{(n)}\cdot A^H = (J^{(n)}H)\cdot\chi$, soit $\int_0^{\cdot} J_s^{(n)}\, d[N^H,N^H]_s = 0$ pour tout n, et donc $[N^H,N^H] = 0$.

N^H est nulle et $H\cdot X - H\cdot\overline{X}$ est à variation finie ; en outre $\int_0^{\cdot} J_s^{(n)} |dA_s^H| = \int_0^{\cdot} J_s^{(n)} |H_s||d\chi_s|$, d'où $\int_0^{\cdot} |dA_s^H| = \int_0^{\cdot} |H_s||d\chi_s|$.

<u>Remarque</u> : on donne plus loin (III-3-a) un exemple où $X\in \underline{\underline{L}}(\underline{\underline{F}})\cap \underline{\underline{S}}(\underline{\underline{G}})$ et où il existe un processus $\underline{\underline{F}}$-prévisible H et $0 < t < +\infty$ tels que l'on ait :

$$E[(\int_0^{\infty} H_s^2\, d[X,X]_s)^{\frac{1}{2}}] < +\infty \quad \text{et} \quad \int_0^t |H_s||d\chi_s| = +\infty.$$

Sous $\underline{\underline{H}}'$ on a aussi le résultat suivant de continuité (le point ii) est dû à Meyer) :

<u>Proposition (2,2)</u> : <u>on munit $\underline{\underline{V}}_p(\underline{\underline{G}})$ de la topologie définie par l'écart à l'origine</u> $||A||_v = E[\inf(1, \int_0^{\infty} |dA_s|)]$. <u>Supposons $\underline{\underline{H}}'$ vérifiée et pour X dans $\underline{\underline{S}}_{sp}(\underline{\underline{F}})$ notons</u> $X = \overline{X} + \chi$ <u>la $\underline{\underline{G}}$-décomposition canonique de</u> X.

i) <u>L'application $X \to \overline{X}$ de $\underline{\underline{M}}^1(\underline{\underline{F}})$ dans $\underline{\underline{M}}^1(\underline{\underline{G}})$ est continue et</u>

$$||\overline{X}||_{\underline{\underline{M}}^1(\underline{\underline{G}})} \leq 3\, ||X||_{\underline{\underline{M}}^1(\underline{\underline{F}})}.$$

ii) <u>Pour tout</u> $t > 0$, <u>l'application $X \to \chi^t$ est continue de $\underline{\underline{M}}^1(\underline{\underline{F}})$ dans $\underline{\underline{V}}_p(\underline{\underline{G}})$</u>.

Précisons nos notations : si X est un processus et si $J = j_0 1_{[\![0]\!]} + \sum_{i=1}^{i=n} j_i 1_{]\!]t_i,t_{i+1}]\!]}$ appartient à $\underline{\underline{J}}^e(\underline{\underline{G}})$, on définit l'intégrale stochastique élémentaire $(J\cdot X)_t$ par : $(J\cdot X)_t = j_0 X_0 + \sum_{i=1}^{i=n} j_i (X_{t\wedge t_{i+1}} - X_{t\wedge t_i})$, puis $\psi_{t,\underline{\underline{G}}}(X)$ par :

$$(2,3) \qquad \psi_{t,\underline{\underline{G}}}(X) = \sup_{J\in \underline{\underline{J}}^e(\underline{\underline{G}})} E[\inf(1, |(J\cdot X)_t|)].$$

Remarquons que si χ appartient à $\underline{\underline{V}}_p(\underline{\underline{G}})$ on a l'égalité :

$$\psi_{t,\underline{\underline{G}}}(\chi) = ||\chi^t||_v.$$

<u>Démonstration de la proposition (2,2)</u> :

i) est une conséquence simple du corollaire (1,8) ; occupons nous de ii).
Pour X dans $\underline{\underline{M}}^1(\underline{\underline{F}})$, on a :

$$||\chi^t||_v = \psi_{t,\underline{\underline{G}}}(\chi) \leq \psi_{t,\underline{\underline{G}}}(X) + \psi_{t,\underline{\underline{G}}}(\overline{X}),$$

tandis que $\psi_{t,\underline{\underline{G}}}(\overline{X})$ est majoré par $\sigma_1^e(\overline{X}^t,\underline{\underline{G}}) = \sup_{J\in \underline{\underline{J}}^e(\underline{\underline{G}})} E[|(J\cdot\overline{X})_t|]$ et donc par $3\Delta_1 ||X||_{\underline{\underline{M}}^1(\underline{\underline{F}})}$ (Corollaire (1,10) et i) ci-dessus).

Il nous suffit donc de montrer que $\psi_{t,\underline{\underline{G}}}(X)$ tend vers 0 avec $||X||_{\underline{\underline{M}}^1(\underline{\underline{F}})}$; supposons que ce ne soit pas le cas ; il existerait alors $\alpha>0$ et pour tout $n\in \mathbb{N}^*$ ${}^nX\in\underline{\underline{M}}^1(\underline{\underline{F}})$, $||{}^nX||_{\underline{\underline{M}}^1(\underline{\underline{F}})} \leq 1$ et ${}^nH\in\underline{\underline{J}}^e(\underline{\underline{G}})$ tels que : $E[\inf(1, \frac{1}{n}|({}^nH\cdot{}^nX)_t|)] \geq \alpha$.

Or pour tout $X\in \underline{\underline{S}}(\underline{\underline{G}})$ et donc pour tout $X\in\underline{\underline{M}}^1(\underline{\underline{F}})$ puisque $\underline{\underline{H}}'$ est vérifiée, la suite $(\frac{1}{n}({}^nH\cdot X)_t)_{n\geq 1}$ tend vers 0 en probabilité ; en outre, pour $H\in\underline{\underline{J}}^e(\underline{\underline{G}})$, $X \to (H\cdot X)_t$ est continue de $\underline{\underline{M}}^1(\underline{\underline{F}})$ dans $L^0(\Omega)$, l'espace des variables aléatoires finies, muni de la topologie de la convergence en probabilité. L'ensemble des applications $(X \to \frac{1}{n}({}^nH\cdot X)_t)$ de $\underline{\underline{M}}^1(\underline{\underline{F}})$ dans $L^0(\Omega)$ est donc simplement borné dans $\underline{\underline{L}}(\underline{\underline{M}}^1(\underline{\underline{F}}),L^0(\Omega))$ et est donc équicontinu (propriété de Baire), ce qui amène à une contradiction.

<u>Remarque</u> : bien qu'elle ne soit pas utilisée explicitement, la topologie des semi-martingales inventée par Emery ([15]) est sous-jacente à la démonstration de la proposition (2,2).

<u>Corollaire (2,4)</u> : <u>supposons $\underline{\underline{H}}'$ vérifiée ; il existe alors une fonction continue à droite g, strictement positive, décroissante sur $\mathbb{R}_+$ telle que</u>

$$\sup_{||X||_{\underline{\underline{M}}^1(\underline{\underline{F}})}\leq 1} E[\inf(1, \lambda\int_0^\infty g(s)|dX_s|)]$$

<u>tende vers</u> 0 <u>avec</u> λ.

<u>Démonstration</u> : pour $n\in\mathbb{N}^*$, soit $\phi_n(\lambda) = \sup_{||X||_{\underline{\underline{M}}^1(\underline{\underline{F}})}\leq 1} \psi_{n,\underline{\underline{G}}}(\lambda X)$.

Pour tout n, ϕ_n est décroissante et, d'après la proposition (2,2), $\phi_n(\lambda)$ tend vers 0 avec λ. Il existe une suite $(a_n)_{n\geq 1}$ de réels strictement positifs telle que $\sum_{n\geq 1} a_n$ soit fini et que pour tout n $\phi_n(a_n)$ soit majoré par 2^{-n}.

$\sum_{n\geq 1} \phi_n(a_n\lambda)$ tend alors vers 0 avec λ et il suffit de prendre

$g(s) = \sum_{n\geq 1} a_n 1_{\{s<n\}}$.

Le problème se pose maintenant de savoir si, sous l'hypothèse $\underline{\underline{H}}'$, il existe une probabilité Q équivalente à P telle que $\underline{\underline{M}}^r(\underline{\underline{F}},P)$ $(r \geq 1)$ soit inclus (sur tout intervalle compact $[0,t]$) dans $\underline{\underline{H}}^1(\underline{\underline{G}},Q)$.

La réponse est positive si $r > 1$ et résulte trivialement d'un résultat de Nikishin ([47]) (*). Introduisons un peu de vocabulaire :

- un opérateur G défini sur un espace de Banach B, à valeurs dans $L^0(\Omega,\underline{\underline{A}},P)$ est dit <u>superlinéaire</u> si pour tout $a \in B$ il existe un opérateur linéaire $T_a : B \to L^0$ tel que $T_a(a) = G(a)$ et $|T_a(b)| \leq G(b)$ pour tout $b \in B$.

- un opérateur superlinéaire G est <u>borné</u> si l'image par G de la boule unité de B est bornée dans $L^0(\Omega)$.

On a alors le

<u>Théorème (2,5) : soit G un opérateur superlinéaire borné défini sur un espace $L^r(W,\underline{\underline{W}},\mu)$ (μ mesure positive σ-finie sur $\underline{\underline{W}}$, $r \geq 1$), à valeurs dans $L^0(\Omega,\underline{\underline{A}},P)$.</u>

<u>Pour tout v, $0 < v < \inf(2,r)$, il existe une variable aléatoire $\tilde{q}$ strictement positive et bornée telle que :</u>

$$\sup_{||x||_{L^r(\mu)} \leq 1} E\left[\tilde{q}\,|G(x)|^v\right] < +\infty.$$

(Nous reproduisons en appendice à ce chapitre la démonstration de Nikishin).

Soit alors $r > 1$; toute martingale $X = (X_t)_{t \geq 0}$ de $\underline{\underline{M}}^r(\underline{\underline{F}},P)$ a une limite X_∞ quand t tend vers l'infini et $X = {}^o(X_\infty)$; grâce à l'inégalité de Doob : $||X^*_\infty||_r \leq r'\, ||X_\infty||_r$ (r' conjugué de r), et à (1,4) on identifie $\underline{\underline{M}}^r(\underline{\underline{F}},P)$ et $L^r(\Omega,\underline{\underline{F}}_\infty,P)$.

Si $\underline{\underline{H}}'$ est vérifiée, on définit (d'après le corollaire (2,4)) un opérateur borné G de $L^r(\Omega,\underline{\underline{F}}_\infty,P)$ dans $L^0(\Omega,\underline{\underline{A}},P)$ par :

$$G(X) = \int_0^\infty g(s)\ |d\chi_s|.$$

Si Y appartient à $\underline{\underline{M}}^r(\underline{\underline{F}},P)$ et a pour $\underline{\underline{G}}$-décomposition canonique $Y = \overline{Y} + \eta$, définissons T_Y sur $L^r(\Omega,\underline{\underline{F}}_\infty,P)$ par :

$$T_Y(X) = \int_0^\infty g(s)\ H_s\ d\chi_s.$$

où H est une densité $\underline{\underline{G}}$-prévisible (à valeurs dans $\{-1,+1\}$) de $|d\eta_s|$ par rapport à $d\eta_s$. On a $T_Y(Y) = G(Y)$ et $|T_Y(X)| \leq G(X)$.

G est donc superlinéaire borné et pour tout $1 \leq v < \inf(2,r)$, il existe (théorème (2,5)) une variable aléatoire bornée $\tilde{q}$ strictement positive telle que :

$$\sup_{||X||_{\underline{\underline{M}}^r(\underline{\underline{F}},P)} \leq 1} E\left[\tilde{q}\left(\int_0^\infty g(s)\,|d\chi_s|\right)^v\right] = \delta^v < +\infty.$$

(*) Je dois à Pellaumail et aux hasards des "Journées sur les intégrales stochastiques" de Rennes d'avoir eu connaissance de l'article de Nikishin en Juin 79.

On peut supposer $E[\tilde{q}] = 1$. Si $Q = \tilde{q}\cdot P$, pour tout X de $\underline{\underline{M}}^r(\underline{\underline{F}},P)$ on a :

$$\sigma_v(g\cdot X,\underline{\underline{G}},Q) = \sup\{||(gJ\cdot X)_\infty||_{L^v(Q)}, \quad J\in\underline{\underline{J}}(\underline{\underline{G}})\}$$

$$\leq ||\int_0^\infty g(s)|dX_s|||_{L^v(Q)} + \sup\{(E_P[\tilde{q}\, |(gJ\cdot\overline{X})_\infty|^v])^{1/v}, \; J\in\underline{\underline{J}}(\underline{\underline{G}})\}$$

$$\leq \delta||X||_{\underline{\underline{M}}^r(\underline{\underline{F}},P)} + ||\tilde{q}||_{L^\infty}^{1/v} g(0)\ (1+\gamma_v)\ \Delta_v\ ||X||_{\underline{\underline{M}}^r(\underline{\underline{F}},P)}$$

((1,9) et corollaire (1,10)).

En outre pour tout $u\in\mathbb{R}_+$, $||X^u||_{\underline{\underline{H}}^v(\underline{\underline{G}},Q)} \leq \frac{1}{g(u)}\,||g\cdot X||_{\underline{\underline{H}}^v(\underline{\underline{G}},Q)}$, si bien qu'il existe une constante finie $k(u)$ telle que :

$$||X^u||_{\underline{\underline{H}}^v(\underline{\underline{G}},Q)} \leq k(u)\ ||X||_{\underline{\underline{M}}^r(\underline{\underline{F}},P)}.$$

On a donc :

<u>Théorème (2,6)</u> : <u>pour que</u> $\underline{\underline{H}}'$ <u>soit vérifiée, il faut et il suffit qu'il existe une probabilité</u> $Q = \tilde{q}\cdot P$ <u>équivalente à</u> P <u>(à densité bornée) et pour tout réel</u> u <u>une constante finie</u> $\delta(u)$ <u>telles que l'on ait pour toute</u> $(\underline{\underline{F}},P)$<u>-martingale locale</u> X :

$$(2,7) \qquad V_Q(X^u,\underline{\underline{G}}) \leq \delta(u)\ ||X||_{\underline{\underline{M}}^2(\underline{\underline{F}},P)}.$$

<u>Pour tous</u> r <u>et</u> v <u>tels que</u> $1 \leq v < \inf(2,r)$, <u>si</u> H' <u>est vérifiée, on peut choisir</u> $\tilde{q}$ <u>de façon que, pour tout réel</u> u, <u>l'application</u> $X \to X^u$ <u>soit continue de</u> $\underline{\underline{M}}^r(\underline{\underline{F}},P)$ <u>dans</u> $\underline{\underline{H}}^v(\underline{\underline{G}},Q)$.

<u>Corollaire (2,8)</u> : <u>pour que</u> $\underline{\underline{H}}'$ <u>soit vérifiée, il faut et il suffit qu'il existe une probabilité</u> $Q = \tilde{q}\cdot P$ <u>équivalente à</u> P ($\tilde{q}$ <u>bornée) telle que : pour toute</u> X <u>de</u> $\underline{\underline{S}}_{sp}(\underline{\underline{F}},P)$ <u>il existe une suite de</u> $\underline{\underline{F}}$<u>-temps d'arrêt</u> $(T_n)_{n\geq 0}$ <u>telle que</u> :

$$\sup_n T_n = +\infty \text{ et } V_Q(X^{T_n},\underline{\underline{G}}) < +\infty \text{ pour tout } n \geq 0.$$

<u>Démonstration</u> : supposons $\underline{\underline{H}}'$ vérifiée ; d'après le théorème (2,6), il existe $Q = \tilde{q}\cdot P$ équivalente à P telle que

$$V_Q(Y^{(n)},\underline{\underline{G}}) \leq \delta(n)\ ||Y||_{\underline{\underline{M}}^2(\underline{\underline{F}},P)}.$$

Soit alors $X\in\underline{\underline{S}}_{sp}(\underline{\underline{F}},P)$; d'après la proposition (1,2), on peut écrire : $X=M+A$ où $M\in\underline{\underline{L}}_0(\underline{\underline{F}},P)$, $|\Delta M| \leq 2$ et $A\in\underline{\underline{V}}(\underline{\underline{F}})$, $A_0 = X_0$; X étant spéciale A est localement intégrable (lemme (1,1)-iv), tandis que M est localement de carré intégrable.

Il existe donc une suite croissante $(S_n)_{n>0}$ de $\underline{\underline{F}}$-temps d'arrêt tels que $\sup_n S_n = +\infty$, $M^{S_n} \in \underline{\underline{M}}^2(\underline{\underline{F}},P)$, $\int_{0-}^{S_n} |dA_s| \in L^1(P)$; si $T_n = \inf(n,S_n)$, $\sup_n T_n = +\infty$

et $V_Q(X^{T_n},\underline{\underline{G}}) \leq E\left[\tilde{q}\int_{0-}^{T_n} |dA_s|\right] + V_Q(M^{T_n},\underline{\underline{G}})$

$$\leq ||\tilde{q}||_\infty \, E\left[\int_{0-}^{T_n} |dA_s|\right] + \delta(n)\, ||M^{T_n}||_{\underline{\underline{M}}^2(\underline{\underline{F}},P)} < +\infty.$$

<u>Corollaire (2,9)</u> : <u>pour que</u> H' <u>soit vérifiée, il faut et il suffit qu'il existe une variable aléatoire strictement positve et bornée</u> $\tilde{q}$ <u>et pour tout</u> s <u>une constante</u> $\delta(s)$ <u>tellesque : pour toutesuite finie</u> $0 \leq s_0 < s_1 < \ldots < s_{n+1} \leq s$, <u>pour toute famille</u> $(g_i)_{0\leq i\leq n}$ <u>de variables bornées par</u> 1, g_i $\underline{\underline{G}}_{s_i}$<u>-mesurable, on a</u> :

$$E_P\left[\sum_{i=0}^{i=n} \{E_P[\tilde{q}g_i|\underline{\underline{F}}_{s_{i+1}}] - E_P[\tilde{q}g_i|\underline{\underline{F}}_{s_i}]\}^2\right] \leq \delta(s).$$

<u>Démonstration</u> : les (g_i) vérifiant les conditions qui figurent dans l'énoncé, la quantité

$$(E_P\left[\sum_{i=0}^{i=n} \{E_P[\tilde{q}g_i|\underline{\underline{F}}_{s_{i+1}}] - E_P[\tilde{q}g_i|\underline{\underline{F}}_{s_i}]\}^2\right])^{\frac{1}{2}}$$

$$(= (E_P\left[\sum_{i=0}^{i=n} \int_{s_i}^{s_{i+1}} d\langle W^{(i)},W^{(i)}\rangle_s\right])^{\frac{1}{2}}, \text{ où } W_u^{(i)} = E_P[\tilde{q}g_i|\underline{\underline{F}}_u])$$

est la norme de la forme linéaire continue θ définie sur $\underline{\underline{M}}^2(\underline{\underline{F}},P)$ par : $\theta(X) = E_P\left[[X,U]_s\right]$ avec $U_t = \sum_{i=0}^{i=n} \int_0^t 1_{\{s_i<u\leq s_{i+1}\}} dW_u^{(i)}$; une autre expression de θ est donnée par : $\theta(X) = E_P[\tilde{q}(J\cdot X)_s]$ où $J = \Sigma g_i 1_{]\!]s_i,s_{i+1}]\!]}$ appartient à $J^e(\underline{\underline{G}})$.

La condition donnée est donc équivalente à

$$\sup_{||X||_{\underline{\underline{M}}^2(\underline{\underline{F}},P)}\leq 1} \; \sup_{J\in \underline{\underline{J}}^e(\underline{\underline{G}})} E_P[\tilde{q}(J\cdot X)_s] \leq (\delta(s))^{\frac{1}{2}}$$

soit $\sup_{||X||_{\underline{\underline{M}}^2(\underline{\underline{F}},P)}\leq 1} V_{\tilde{q}\cdot P}(X^s,\underline{\underline{G}}) \leq (\delta(s))^{\frac{1}{2}}$ (chapitre I, §4), d'où les conclusions d'après (1,15) et le théorème (2,6).

En ce qui concerne $\underline{\underline{M}}^1(\underline{\underline{F}},P)$ nous ne disposons que de résultats très partiels : si $\underline{\underline{H}}'$ est vérifiée, la proposition (2,1) et le corollaire (2,4) montrent que l'on définit pour tout X de $\underline{\underline{L}}(\underline{\underline{F}},P)$ une application θ de l'espace vectoriel $\Phi(X) = \{H$ $\underline{\underline{F}}$-prévisible, $E\left[(\int_0^\infty H_s^2\, d[X,X]_s)^{\frac{1}{2}}\right] = ||H|| < +\infty\}$ dans $L^0(\Omega)$ par

$\theta(H) = \int_0^\infty g(s)|H_s||dX_s|$. L'image par θ de $\{H\in\Phi(X),\ ||H|| \leq 1\}$ est convexe, bornée dans $L^0_+(\Omega)$.

Pour leur caractérisation des semi-martingales, Dellacherie et Mokobodzki ([43]) montrent la propriété suivante des sous ensembles convexes de L^1, bornés dans L^0 :

Lemme (2,10) : soit $\underline{\underline{C}}$ un sous ensemble convexe de $L^1(P)$. La condition i) :

i) $\underline{\underline{C}}$ est borné dans L^0 implique la condition ii) :

ii) il existe une probabilité Q équivalente à P, à densité $\tilde{q}$ bornée telle que :

$$\sup_{c\in \underline{\underline{C}}} E_Q[c] < +\infty.$$

Les conditions i) et ii) sont équivalentes si $\underline{\underline{C}}$ est inclus dans $L^1_+(P)$ (cf. Nikishin [47]).

Démonstration : supposons i) vérifiée.

a) Pour tout $\varepsilon > 0$, il existe x tel que $P[|c| \geq x] < \varepsilon$ pour tout $c\in\underline{\underline{C}}$; soient $\varepsilon < 1$ et $K_\varepsilon = \{X,\ 0 \leq X \leq 1,\ E[X] \geq 1-\varepsilon\}$; K_ε est convexe, compact pour la topologie faible dans L^∞. On identifie $\underline{\underline{C}}$ au sous-ensemble convexe $\underline{\underline{C}}' = \{f_c, c\in\underline{\underline{C}}\}$ de $C(K_\varepsilon)$ (ensemble des fonctions continues sur K_ε) en posant : $f_c : X \to f_c(X) = E[cX]$; pour tout $c'\in\underline{\underline{C}}'$ il existe $X\in K_\varepsilon$ tel que $c'(X) \leq x$ (si $c' = f_c$ il suffit de prendre $X = 1_{\{|c|<x\}}$).

b) $\underline{\underline{C}}' - C_+(K_\varepsilon)$ est convexe, et pour tout entier $n \geq 1$, son adhérence ne contient pas la fonction constante $x(1+\frac{1}{n})$; il existe donc une forme linéaire continue non nulle sur $C(K_\varepsilon)$, i.e. une mesure bornée ν sur K_ε telle que l'on ait : $\langle\nu, c' - tf\rangle \leq x(1+\frac{1}{n})\ \nu(1)$ pour tous $f \geq 0$, $t \geq 0$ et $c'\in\underline{\underline{C}}'$; en faisant tendre t vers $+\infty$, on voit que l'on a nécessairement $\langle\nu, f\rangle \geq 0$; pour tout n, il existe donc une probabilité ν_n sur K_ε telle que $\langle\nu_n, c'\rangle \leq x(1+\frac{1}{n})$ pour tout c' de $\underline{\underline{C}}'$. Si ν est limite vague de $(\nu_n, n\geq 1)$, $\langle\nu, c'\rangle \leq x$ sur $\underline{\underline{C}}'$.

c) Soit $X_\varepsilon \in K_\varepsilon$ la résultante de ν ; $E[cX_\varepsilon] = \langle\nu, f_c\rangle \leq x(\varepsilon)$ sur $\underline{\underline{C}}$.
Soit alors $(u_n)_{n\geq 1}$ une suite de réels strictement positifs tels que :

$$\sum_{n\geq 1} u_n E[X_{1-\frac{1}{n}}] = 1, \quad \sum_{n\geq 1} u_n\, x(1-\tfrac{1}{n}) < +\infty \text{ et } \sum_{n\geq 1} u_n < +\infty \text{ ; la probabilité}$$

$Q = (\sum_{n\geq 1} u_n X_{1-\frac{1}{n}}).P$ répond à la question.

Remarque : $\underline{\underline{H}}'$ est vérifiée si et seulement si la restriction de $\psi_{t,\underline{\underline{G}}}$ à $\underline{\underline{M}}^1(\underline{\underline{F}},P)$ est continue pour tout t.

La nécessité résulte de la proposition (2,2) ; le critère de Dellacherie et Mokobodzki ([43]) implique la suffisance : si X appartient à $\underline{\underline{M}}^1(\underline{\underline{F}},P)$, $\psi_{t,\underline{\underline{G}}}(\lambda X)$ tend vers 0 avec λ, donc $\{(J\cdot X)_t, J\in\underline{\underline{J}}^e(\underline{\underline{G}})\}$ est borné dans $L^0(\Omega)$; d'après le lemme (2,10) il existe donc une probabilité Q équivalente à P, à densité bornée, telle que

$$\sup\{E_Q[(J\cdot X)_t], J\in\underline{\underline{J}}^e(\underline{\underline{G}})\} = V_Q(X,\underline{\underline{G}}) \quad \text{soit fini.}$$

Du lemme (2,10) vient la

Proposition (2,11) : supposons $\underline{\underline{H}}'$ vérifiée et soit $X\in\underline{\underline{L}}(\underline{\underline{F}},P)$. Il existe une probabilité Q équivalente à P (à densité $\tilde{q}$ bornée) et pour tout $u \geq 0$ une constante finie $\delta(u)$ telles que :

$$(2,12) \qquad \|(H\cdot X)^u\|_{\underline{\underline{H}}^1(\underline{\underline{G}},Q)} \leq \delta(u)\ \|H\cdot X\|_{\underline{\underline{H}}^1(\underline{\underline{F}},P)}$$

pour tout processus $\underline{\underline{F}}$-prévisible H tel que $E_P[(\int_0^\infty H_s^2\, d[X,X]_s)^{\frac{1}{2}}]$ soit fini.

Démonstration : quitte à remplacer X par $J\cdot X$ où J est un processus $\underline{\underline{F}}$-prévisible strictement positif convenable, on peut supposer que X appartient à $\underline{\underline{M}}^1(\underline{\underline{F}},P)$.
Soit $X = \overline{X} + \chi$ ($\overline{X}\in\underline{\underline{M}}^1(\underline{\underline{G}},P), \chi\in\underline{\underline{V}}_p(\underline{\underline{G}}), \chi_0 = 0$) la $(\underline{\underline{G}},P)$-décomposition canonique de X. D'après le corollaire (2,4), il existe une fonction décroissante g strictement positive sur $\mathbb{R}_+$ telle que $\sup_{\|X\|_{\underline{\underline{M}}^1(\underline{\underline{F}},P)}\leq 1} E_P[\inf(1,\lambda\int_0^\infty g(s)\,|d\chi_s|)]$ tende vers 0 avec λ. En particulier $\int_0^\infty g(s)\,|d\chi_s|$ est P-p.s. fini.

Soient Q' la mesure (bornée) de densité $(1 + \int_0^\infty g(s)\,|d\chi_s|)^{-1}$ par rapport à P et $\underline{\underline{C}}$ le sous ensemble convexe de $L^1_+(Q')$:

$$\underline{\underline{C}} = \{\int_0^\infty g(s)\,|H_s|\,|d\chi_s| \quad H\ \underline{\underline{F}}\text{-prévisible borné},\ E_P[(\int_0^\infty H_s^2\, d[X,X]_s)^{\frac{1}{2}}] \leq 1\}.$$

$\underline{\underline{C}}$ vérifie la condition i) du lemme (2,10) ; il existe donc une probabilité Q équivalente à P (à densité $\tilde{q}$ bornée) telle que $\sup_{H\in\underline{\underline{C}}} E_Q[\int_0^\infty g(s)\,|H_s|\,|d\chi_s|] = B$ soit fini ; par limite croissante, on obtient : pour tout processus $\underline{\underline{F}}$-prévisible H

$$E_Q[\int_0^\infty g(s)\,|H_s|\,|d\chi_s|] \leq B\ E_P[(\int_0^\infty H_s^2\, d[X,X]_s)^{\frac{1}{2}}].$$

(La démonstration se termine alors comme pour le théorème (2,6)).

De la proposition (2,11) et de l'inégalité (1,15) on déduit immédiatement le

Corollaire (2,13) : supposons qu'il existe une martingale locale X possédant la propriété de représentation prévisible pour la filtration $\underline{\underline{F}}$ (i.e. toute martingale locale nulle en 0 est de la forme $H\cdot X$ avec H $\underline{\underline{F}}$-prévisible tel que $(\int_0^{\cdot} H_s^2\, d[X,X]_s)^{\frac{1}{2}}$ soit $(\underline{\underline{F}},P)$-localement intégrable). Les conditions suivantes sont équivalentes :

i) H' est vérifiée ;

ii) il existe une probabilité équivalente à P, à densité bornée, telle que $V_Q(Y^u,\underline{\underline{G}})$ soit fini pour tout $u \geq 0$ et tout Y de $\underline{\underline{M}}^1(\underline{\underline{F}},P)$.

Appendice : le théorème de Nikishin.

Nikishin commence par démontrer un lemme combinatoire :

Lemme A : soient $\varepsilon > 0$ et ℓ un entier, $\ell > 2$. On suppose données deux familles $(A_i)_{1\leq i\leq \ell^3}$ et $(B_i)_{1\leq i\leq \ell^3}$ d'ensembles $\underline{\underline{A}}$-mesurables vérifiant les conditions :

1) $A_i \subset B_i$ pour $1 \leq i \leq \ell^3$;

2) $P[B_i] \leq \varepsilon$ pour $1 \leq i \leq \ell^3$;

3) $A_k \cap (\bigcup_{p=1}^{k-1} B_p) = \emptyset$ pour $2 \leq k \leq \ell^3$.

Il existe alors $i_1 < i_2 < \ldots < i_\ell$ tels que :

$$P[(\bigcup_{p=1}^{\ell} A_{i_p}) \cap (\bigcup_{k=1}^{\ell} (B_{i_k} - A_{i_k}))] \leq \frac{\varepsilon}{\ell}.$$

Démonstration : notons $\mu_{i_1,i_2,\ldots,i_\ell} = P[(\bigcup_{p=1}^{\ell} A_{i_p}) \cap (\bigcup_{k=1}^{\ell} (B_{i_k} - A_{i_k}))]$;

il résulte de 1) et 3) que les ensembles $(A_i)_{1\leq i\leq \ell^3}$ sont disjoints, d'où :

$$\mu_{i_1,i_2,\ldots,i_\ell} = E[\sum_{p=1}^{\ell} 1_{A_{i_p}} \sum_{k=1}^{\ell} (1_{B_{i_k}} - 1_{A_{i_k}})]$$

$$= \sum_{1\leq p,k\leq \ell} E[1_{A_{i_p}} (1_{B_{i_k}} - 1_{A_{i_k}})] = \sum_{\substack{1\leq p,k\leq \ell \\ p\neq k}} \delta_{i_k,i_p}$$

si $\delta_{p,k} = P[B_p \cap A_k]$.

Prenons la moyenne $\bar{\mu}$ des $\mu_{i_1,i_2,\ldots,i_\ell}$; on obtient :

$$\bar{\mu} = \binom{\ell^3}{\ell}^{-1} \sum_{\substack{1<p,k<\ell \\ p\neq k}} \delta_{i_k,i_p}$$

$$= \frac{\binom{\ell^3-2}{\ell-2}}{\binom{\ell^3}{\ell}} \sum_{\substack{1<p,k<\ell^3 \\ p\neq k}} \delta_{p,k}$$

$$= \frac{\ell(\ell-1)}{\ell^3(\ell^3-1)} \sum_{p=1}^{\ell^3} \sum_{k=1}^{p-1} \delta_{p,k} \quad \text{(d'après 3)).}$$

Or $\sum_{k=1}^{p-1} \delta_{p,k} = E\left[\sum_{k=1}^{p-1} A_k \, ; \, B_p\right] \leq P\left[B_p\right] \leq \varepsilon.$

On a donc $\bar{\mu} \leq \dfrac{\ell(\ell-1)}{\ell 3-1} \varepsilon \leq \dfrac{\varepsilon}{\ell}$ d'où le lemme A.

<u>Lemme B</u> : <u>soit</u> G <u>un opérateur superlinéaire borné de</u> $L^r(W,\underline{\underline{W}},\mu)$ <u>dans</u> $L^0(\Omega,\underline{\underline{A}},P)$
<u>Soit</u> $\varepsilon > 0$, $\ell \in \mathbb{N}$, $\ell > 3$ <u>et</u> $s = \inf(2,r)$. <u>Soit</u> R <u>tel que</u> :
$P\left[|G(x)|^s \geq R\right] \leq \varepsilon$ <u>pour tout</u> x <u>tel que</u> $||x||_r \leq 1$.

<u>Il existe alors</u> $U \in \underline{\underline{A}}$ <u>tel que</u>

i) $P[U] \leq \varepsilon\ell^3$;

ii) $P\left[U^c \cap \{|G(x)|^s \geq \alpha_r \, \ell R\}\right] \leq \dfrac{3\varepsilon}{\ell}$

(α_r est une constante universelle, dépendant de r et s, qui sera fixée dans le cours de la démonstration ; $\alpha_r > 1$).

<u>Démonstration</u> : elle se fait en plusieurs étapes.

① Soit $\underline{\underline{B}}$ la boule unité de $L^r(W,\underline{\underline{W}},\mu)$. On peut supposer qu'il existe $x_1 \in B$ tel que $P\left[|G(x_1)|^s \geq \alpha_r \, \ell R\right] > \dfrac{3\varepsilon}{\ell}$ (sinon on prend $U = \emptyset$).

Posons $A_1 = \{|G(x_1)|^s \geq \alpha_r \, \ell R\}$ et $B_1 = \{|G(x_1)|^s \geq R\}$; $P[B_1] \leq \varepsilon$. Si B_1 satisfait à ii), on a gagné ; sinon on définit $x_2 \in \underline{\underline{B}}$ tel que

$P\left[B_1^c \cap \{|G(x_2)|^s \geq \alpha_r \, \ell R\}\right] > \dfrac{3\varepsilon}{\ell}$ et on pose : $A_2 = B_1^c \cap \{|G(x_2)|^s \geq \alpha_r \, \ell R\}$ et $B_2 = \{|G(x_2)|^s \geq R\}$, etc...

On construit ainsi de proche en proche des éléments $(x_i)_{1\leq i\leq n}$ dans $\underline{\underline{B}}$, $(A_i)_{1\leq i\leq n}$ et $(B_i)_{1\leq i\leq n}$ dans $\underline{\underline{A}}$ par : $A_i = \left(\bigcup_{p=1}^{i-1} B_p\right)^c \cap \{|G(x_i)|^s \geq \alpha_r \, \ell R\}$, $B_i = \{|G(x_i)|^s \geq R\}$, qui vérifient les conditions 1), 2) et 3) du lemme A, ainsi que :

(4) $P[A_i] > \frac{3\varepsilon}{\ell}$.

La suite de la démonstration va consister à montrer qu'une telle construction ne peut se faire que jusqu'à un rang $n < \ell^3$. Il suffit alors de prendre $U = \bigcup_{i\leq n} B_i$ pour obtenir $P[U] \leq \ell^3\varepsilon$ et $P[U^c \cap \{|G(x)|^s \geq \alpha_r \ell R\}] \leq \frac{3\varepsilon}{\ell}$ pour tout x de $\underline{\underline{B}}$.

② Supposons donc que l'on puisse faire la construction indiquée au point ① jusqu'à l'ordre $n = \ell^3$. D'après le lemme A, il existe des entiers $i_1 < i_2 < \ldots < i_\ell$ tels que : $P[(\bigcup_{k=1}^{\ell} A_{i_k}) \cap (\bigcup_{k=1}^{\ell} (B_{i_k} - A_{i_k}))] \leq \frac{\varepsilon}{\ell}$.

Soit $D = (\bigcup_{k=1}^{\ell} A_{i_k}) - (\bigcup_{k=1}^{\ell} A_{i_k}) \cap (\bigcup_{k=1}^{\ell} (B_{i_k} - A_{i_k}))$;

$$P[D] = P[\bigcup_{k=1}^{\ell} A_{i_k}] - P[\bigcup_{k=1}^{\ell} A_{i_k} \cap (\bigcup_{k=1}^{\ell} (B_{i_k} - A_{i_k}))] \geq 3\varepsilon - \frac{\varepsilon}{\ell}$$

(les A_i sont disjoints), d'où $P[D] > 2\varepsilon$.

En outre si $\omega \in D$, il existe un indice m tel que $\omega \in A_{i_m}$; $\omega \in B_{i_n}^c$ pour $n \neq m$ d'où :

$$(5) \begin{cases} |G(x_{i_m})|^s(\omega) \geq R\ell\,\alpha_r & \text{et} \\ |G(x_{i_n})|^s(\omega) < R & \text{pour } n \neq m. \end{cases}$$

Soit $(r_m)_{m\geq 1}$ la suite des fonctions de Rademacher définies sur $[0,1]$ (λ désigne la mesure de Lebesgue). On pose :

$I_\beta(w) = (\frac{1}{\alpha'_r \ell})^{1/s} \sum_{m=1}^{\ell} r_m(\beta)\, x_{i_m}(w)$ (α'_r constante fixée dans la suite). Nikishin montre qu'il existe $\beta_0 \in [0,1]$ tel que $I_{\beta_0} \in \underline{\underline{B}}$ et $P[|G(I_{\beta_0})|^s \geq R] > \varepsilon$ ce qui assure le lemme B.

③ Pour $m = 1,2,\ldots,\ell$, soit T_m un opérateur linéaire de $L^r(W,\underline{\underline{W}},\mu)$ dans $L^0(\Omega,\underline{\underline{A}},P)$ tel que $T_m(x_{i_m}) = G(x_{i_m})$ et $|T_m(x)| \leq |G(x)|$ $(x \in L^r(W,\underline{\underline{W}},\mu))$.

(T_m existe d'après la définition d'un opérateur superlinéaire). On a :

$$G(I_\beta) \geq \frac{1}{(\alpha'_r \ell)^{1/s}} \left| \sum_{k=1}^{\ell} r_k(\beta)\, T_m(x_{i_k}) \right| \quad \text{pour } m = 1,2,\ldots,\ell.$$

Notons $Z_\beta = 1_D \{ \sum_{m=1}^{\ell} 1_{A_{i_m}} r_m(\beta)\, T_m(x_{i_m}) \}$ et $b_k = \sum_{\substack{m=1 \\ m\neq k}}^{\ell} 1_{A_{i_m}} T_m(x_{i_k})$.

D'après (5) on a :

$$(6) \quad \begin{cases} |Z_\beta|^s \geq (\alpha_r\, \ell R) 1_D \\ |b_k|^s < R \end{cases}$$

tandis que :

$$(7) \quad |G(I_\beta)|^s \geq \frac{1}{\alpha'_r \ell} \left| |Z_\beta| - |\sum_{k=1}^{\ell} r_k(\beta) b_k| \right|^s 1_D.$$

Si $\psi(\beta) = \frac{1}{\alpha'_r \ell} \int_D |\sum_{k=1}^{\ell} r_k(\beta) b_k|^s \, dP$,

$$\int_0^1 \psi(\beta)\, d\beta = \frac{1}{\alpha'_r \ell} E\left[1_D \int_0^1 |\sum_{k=1}^{\ell} r_k(\beta) b_k|^{2\cdot\frac{s}{2}} d\beta\right]$$

$$\leq \frac{1}{\alpha'_r \ell} E\left[1_D \left(\int_0^1 (\sum_{k=1}^{\ell} r_k(\beta) b_k)^2 d\beta\right)^{s/2}\right]$$

$$= \frac{1}{\alpha'_r \ell} E\left[1_D (\sum_{k=1}^{\ell} b_k^2)^{s/2}\right] \qquad (1 \leq s \leq 2)$$

$$\leq \frac{P[D]}{\alpha'_r \ell} \ell^{s/2} R \qquad \text{(d'après (6))}.$$

Par suite $\int_0^1 \psi(\beta)\, d\beta \leq \frac{R}{\alpha'_r} P[D]$; si $C = \{\beta \in [0,1],\ \psi(\beta) \leq \frac{2R}{\alpha'_r} P[D]\}$, $\lambda(C) \geq \frac{1}{2}$.

C'est maintenant que nous utilisons la condition de type L^r pour estimer :

$$\int_C \left(\int_W |I_\beta|^r d\mu\right) d\beta \leq \int_W \left(\frac{1}{\alpha'_r \ell}\right)^{r/s} \left(\int_0^1 |\sum_{k=1}^{\ell} r_k(\beta) x_{i_k}|^r d\beta\right) d\mu$$

$$\leq \frac{1}{(\alpha'_r \ell)^{r/s}} \eta^r \int_W (\sum_{k=1}^{\ell} x_{i_k}^2)^{r/2} d\mu$$

(Inégalité de Khintchine ; η_r est une constante universelle).

- Si $1 \leq r \leq 2$, alors $r = s$ et $\int_C \left(\int_W |I_\beta|^r d\mu\right) d\beta \leq \frac{1}{\alpha'_r}$.

- Si $r > 2$ l'inégalité de Hölder donne :

$$\sum_{k=1}^{\ell} x_{i_k}^2 \leq \left(\sum_{k=1}^{\ell} |x_{i_k}|^r\right)^{2/r} \ell ,$$

si bien que $\int_C \left(\int_W |I_\beta|^r \, d\mu\right) d\beta$ est majoré par :

$$\eta_r \frac{1}{(\alpha_r')^{r/2}} \frac{1}{\ell} \int_W \left(\sum_{k=1}^{\ell} |x_{i_k}|^r\right) d\mu \leq \eta_r (\alpha_r')^{-r/2} .$$

Pour $1 \leq r \leq 2$, on choisit $\alpha_r' = 2$, pour $r > 2$ on choisit $(\alpha_r')^{r/2} = 2\eta_r$.

Puisque $\lambda(C) \geq \frac{1}{2}$ il existe $\beta_0 \in C$ tel que $I_{\beta_0} \in \underline{\underline{B}}$. On a alors :

$$\psi(\beta_0) \leq \frac{2R}{\alpha_r'} P[D], \quad \text{i.e. :} \quad \int_D \frac{1}{(\alpha_r'\ell)} \left|\sum_{k=1}^{\ell} r_k(\beta_0) b_k\right|^s dP \leq \frac{2R}{\alpha_r'} P[D] .$$

Soit enfin $\tilde{D} = D \cap \{\frac{1}{(\alpha_r'\ell)} |\sum_{k=1}^{\ell} r_k(\beta_0) b_k|^s \leq \frac{4R}{\alpha_r'}\}$; on a : $P[\tilde{D}] \geq \frac{1}{2} P[D] > \varepsilon$; en outre, sur $\tilde{D}$, $|G(I_{\beta_0})|^s \geq \frac{1}{\alpha_r'\ell} |(\alpha_r \ell R)^{1/s} - (4R\ell)^{1/s}|^s$

$$= R \left| \left(\frac{\alpha_r}{\alpha_r'}\right)^{1/s} - \left(\frac{4}{\alpha_r'}\right)^{1/s} \right|^s .$$

Si α_r est assez grand pour que $\left(\frac{\alpha_r}{\alpha_r'}\right)^{1/s} > 1 + \left(\frac{4}{\alpha_r'}\right)^{1/s}$,

on obtient $|G(I_{\beta_0})|^s > R$ sur $\tilde{D}$ et $P[\tilde{D}] > \varepsilon$. Cqfd.

<u>Lemme C</u> : <u>pour tout</u> $\varepsilon > 0$, <u>il existe</u> $H \in \underline{\underline{A}}$ <u>tel que</u> $P[H] < 4\,\ell^3 \varepsilon$ <u>et</u>

$$P[H^c \cap \{|G(x)|^s \geq y\}] \leq C_{\ell,\varepsilon,r}\, y^{-h(\ell)}$$

<u>pour tout</u> x <u>tel que</u> $||x||_r \leq 1$ ($y > 0$, $C_{\ell,\varepsilon,r}$ <u>constante finie</u>, $h(\ell)$ <u>tend vers</u> 1 <u>quand</u> ℓ <u>tend vers</u> $+\infty$)

<u>Démonstration</u> : on construit par récurrence, à l'aide du lemme B, une suite $(U_n)_{n \geq 1}$ d'ensembles $\underline{\underline{A}}$-mesurables, disjoints, tels que :

$$P[U_n] \leq \ell^3 \left(\frac{3}{\ell}\right)^{n-1} \varepsilon \quad \text{et} \quad P[U_1^c \cap U_2^c \cap \ldots \cap U_n^c \; ; \; |G(x)|^s \geq (\alpha_r \ell)^n R] \leq \left(\frac{3}{\ell}\right)^n \varepsilon .$$

Si $H = \bigcup_{n \geq 1} U_n$, $P[H] \leq \varepsilon \ell^3 \sum_{n=1}^{\ell} \left(\frac{3}{\ell}\right)^{n-1} < 4\,\ell^3 \varepsilon$

et $P[H^c \cap \{|G(x)|^s \geq (\alpha_r \ell)^n R\}] \leq \left(\frac{3}{\ell}\right)^n \varepsilon$ pour tout $n \geq 0$.

Soit $y \geq R$; il existe $n \geq 0$ tel que $(\alpha_r \ell)^n R \leq y < (\alpha_r \ell)^{n+1} R$; on a donc :

$$P[H^c \cap \{|G(x)|^s \geq y\}] \leq (\tfrac{3}{\ell})^n \varepsilon = \varepsilon \frac{\ell}{3} (\tfrac{3}{\ell})^{n+1} \leq \varepsilon \frac{\ell}{3} R^{h(\ell)} y^{-h(\ell)} \quad \text{où}$$

$$h(\ell) = \frac{\text{Log } \ell - \text{Log } 3}{\text{Log } \ell + \text{Log } \alpha_r} \quad \text{(R dépend de } \varepsilon \text{ et on pose } C_{\ell,\varepsilon,r} = \frac{\ell}{3} R^{h(\ell)}).$$

Soit alors $0 < v < s = \inf(2,r)$ et ℓ tel que $h(\ell) > v/_s$.

Pour tout entier $n \geq 1$, il existe H_n $\underline{\underline{A}}$-mesurable tel que $P[H_n] \leq \frac{1}{n}$ et que pour tout x, $||x||_r \leq 1$, $P[H_n^c \cap \{|G(x)|^v \geq y\}] \leq D'_n \, y^{-sh(\ell)/v}$ $(D'_n = C_{\ell,\varepsilon,r}$ avec $\varepsilon = \frac{1}{4\,\ell^3 n})$.

On a alors $\sup_{||x||_r \leq 1} E[|G(x)|^v \,;\, H_n^c] = D_n < +\infty$; il suffit de prendre $\tilde{q} = \Sigma a_n 1_{H_n^c}$, où (a_n) est une suite de réels strictement positifs tels que $\Sigma a_n D_n$, Σa_n soient finis et $\Sigma a_n P[H_n^c] = 1$ pour obtenir le théorème (2,5).

CHAPITRE III. GROSSISSEMENT INITIAL.

Nous abandonnons le cadre général du chapitre II pour nous intéresser au cas du grossissement initial : la filtration $\underline{\underline{G}}$ est obtenue par adjonction à $\underline{\underline{F}}_0$ d'une tribu séparable $\underline{\underline{E}}$; de façon précise, pour $t \geq 0$, $\underline{\underline{C}}_t^{\underline{\underline{E}}}$ est la tribu engendrée par par $\underline{\underline{F}}_t$ et $\underline{\underline{E}}$, $\underline{\underline{C}}^{\underline{\underline{E}}}$ est la famille croissante de tribus $(\underline{\underline{C}}_t^{\underline{\underline{E}}})_{t\geq 0}$ et $\underline{\underline{F}}^{\underline{\underline{E}}}$ est la filtration $(\underline{\underline{F}}_t^{\underline{\underline{E}}})_{t\geq 0}$ où $\underline{\underline{F}}_t^{\underline{\underline{E}}} = \underline{\underline{C}}_{t+}^{\underline{\underline{E}}} = \bigcap_{s>t} (\underline{\underline{F}}_s \vee \underline{\underline{E}})$. Lorsqu'il n'y a pas de risque de confusion nous écrivons $\underline{\underline{G}}$ au lieu de $\underline{\underline{F}}^{\underline{\underline{E}}}$.

Une grande partie de ce chapitre est consacré à des exemples.

III-1. Adjonction d'une tribu atomique.

On suppose qu'il existe une partition $(A_i)_{i\in I}$ $\underline{\underline{A}}$-mesurable de Ω, telle que $P[A_i]$ soit strictement positif pour tout i de I, qui engendre $\underline{\underline{E}}$.

Pour A ensemble $\underline{\underline{A}}$-mesurable, notons ${}^{A}Z$ une version continue à droite, limitée à gauche de la $\underline{\underline{F}}$-martingale $P[A|\underline{\underline{F}}_t]$; l'ensemble $\{\omega \mid \inf\, {}^{A}Z_s(\omega) = 0\}$ est inclus dans A^c ; les processus $1_A \frac{1}{{}^{A}Z}$ et $1_A \frac{1}{{}^{A}Z_-}$ sont donc bien définis.

Avec une démonstration immédiate, en abrégeant ${}^{A_i}Z$ par ${}^{i}Z$ $(i\in I)$, on a le

__Lemme (3,1) : soit__ H __un processus mesurable borné ; sa projection__ $\underline{\underline{G}}$__-optionnelle__ ${}^{o-\underline{\underline{G}}}H$ __est donnée par__ :

$$ {}^{o-\underline{\underline{G}}}H = \sum_{i\in I} 1_{A_i} \frac{1}{{}^{i}Z}\, {}^{o}(1_{A_i} H) \; ; $$

__sa projection__ $\underline{\underline{G}}$__-prévisible__ ${}^{p-\underline{\underline{G}}}H$ __est donnée par__ :

$$ {}^{p-\underline{\underline{G}}}H = \sum_{i\in I} 1_{A_i} \frac{1}{{}^{i}Z_-}\, {}^{p}(1_{A_i} H). $$

__Théorème (3,2)__ (Jacod [36], Meyer [41]) : __la filtration__ $\underline{\underline{G}}$ __vérifie__ $\underline{\underline{H}}'$. __Si__ X __appartient à__ $\underline{\underline{L}}(\underline{\underline{F}},P)$,

$$ (3,3) \qquad {}^{\underline{\underline{E}}}X_t = \sum_{i\in I} 1_{A_i} \int_{0+}^{t} \frac{1}{{}^{A_i}Z_{s-}}\, d\langle X, {}^{A_i}Z\rangle_s $$

__appartient à__ $\underline{\underline{V}}_p(\underline{\underline{G}})$ __et__ ${}^{\underline{\underline{E}}}\overline{X} = X - {}^{\underline{\underline{E}}}X$ __appartient à__ $\underline{\underline{L}}(\underline{\underline{G}},P)$.

__Démonstration__ : l'ensemble I est au plus dénombrable et pour $i\in I$, si $X_0 = 0$, $1_{A_i} X = X^{T_i}$ où T_i est le $\underline{\underline{G}}$-temps d'arrêt $T_i = +\infty\, 1_{A_i}$; $\sup_i T_i = +\infty$; il suffit donc de montrer : soient $X \in \underline{\underline{M}}^1_0(\underline{\underline{F}})$ et $i \in I$; alors $Y = 1_{A_i} X$ est une $\underline{\underline{G}}$-quasi-martingale. Or pour $0 \leq s \leq t$,

$$E[Y_t|\underline{\underline{G}}_s] - Y_s = E[X_t 1_{A_i}|\underline{\underline{G}}_s] - X_s 1_{A_i} = (1_{A_i} \frac{1}{^iZ_s})(E[X_t\, {}^iZ_t|\underline{\underline{F}}_s] - X_s\, {}^iZ_s) ;$$

intégrons après avoir pris une valeur absolue ; il vient :

$$E[|E[Y_t|\underline{\underline{G}}_s] - Y_s|] = E[|E[X_t\, {}^iZ_t|\underline{\underline{F}}_s] - X_s\, {}^iZ_s|] = E[|E[\int_s^t d<X,{}^iZ>_u|\underline{\underline{F}}_s]|].$$

La $\underline{\underline{G}}$-variation de Y est donc égale à $V(<X,{}^iZ>,\underline{\underline{F}})$, soit à $E[\int_0^\infty |d<X,{}^iZ>_u|]$ qui est majoré, d'après l'inégalité de Fefferman, par $\sqrt{2}\, ||X||_{\underline{\underline{M}}^1(\underline{\underline{F}})} ||{}^iZ||_{\underline{\underline{BMO}}(\underline{\underline{F}})}$ et donc par $\sqrt{2}\, ||X||_{\underline{\underline{M}}^1(\underline{\underline{F}})}$.

X est donc une $\underline{\underline{G}}$-semi-martingale ; soit $Y = \overline{Y} + \chi$ la G-décomposition canonique de Y ($\overline{Y} \in \underline{\underline{M}}^1(\underline{\underline{G}})$, $\chi \in \underline{\underline{V}}_p(\underline{\underline{G}})$, $\chi_0 = 0$) ; si H est $\underline{\underline{G}}$-prévisible borné, nul en 0, $1_{A_i} H = 1_{A_i} \{\frac{1}{^iZ_-}\, {}^P(1_{A_i} H)\}$ (avec la convention $0/0 = 0$, le processus entre accolades est borné), et :

$$E[(H\cdot\chi)_\infty] = E[(H\cdot Y)_\infty] = E[1_{A_i} (\frac{1}{^iZ_-}\, {}^P(1_{A_i} H)\cdot X)_\infty] = E[\int_0^\infty d<{}^iZ, (\frac{1}{^iZ_-}\, {}^P(1_{A_i} H))\cdot X>_s]$$

$$= E[\int_0^\infty \frac{1}{^iZ_{s-}}\, {}^P(1_{A_i} H)_s\, d<{}^iZ,X>_s] = E[1_{A_i} \int_0^\infty \frac{1}{^iZ_{s-}} H_s\, d<{}^iZ,X>_s]$$

puisque $1_{A_i} 1_{\{^iZ_-=0\}} = 0$.

On a donc $Y = \overline{Y} + 1_{A_i} \int_{0+}^{\cdot} \frac{1}{^iZ_{s-}}\, d<{}^iZ,X>_s$ et le théorème (3,2) par localisation.

Remarques (3,4) : 1) Soit $Q = \tilde{q}\cdot P$ une probabilité équivalente à P ; on suppose $\tilde{q}$ bornée. Pour A dans $\underline{\underline{A}}$, notons ${}^AZ(\tilde{q}) = {}^o(\tilde{q}\, 1_A)$ une version continue à droite, limitée à gauche de la martingale $E_P[\tilde{q}\, 1_A|\underline{\underline{F}}_t]$; abrégeons ${}^{A_i}Z(\tilde{q})$ par ${}^iZ(\tilde{q})$. Pour H $\underline{\underline{G}}$-prévisible borné et i dans I,

$$1_{A_i} H = 1_{A_i} \frac{{}^P(\tilde{q}H\, 1_{A_i})}{^iZ_{s-}(\tilde{q})} \quad (0/0 = 0).$$

Un calcul analogue en tout point à celui de la démonstration précédente montre que, pour X dans $\underline{\underline{M}}^1_0(\underline{\underline{F}},P)$ et H $\underline{\underline{G}}$-prévisible borné, on a :

$$E_Q[1_{A_i} (H\cdot X)_\infty] = E_Q[1_{A_i} \int_0^\infty \frac{H_s}{^iZ_{s-}(\tilde{q})}\, d<X,{}^iZ(\tilde{q})>_s].$$

Par suite pour X dans $\underline{\underline{L}}(\underline{\underline{F}},P)$,

$$(3,5)\qquad {}^{\underline{\underline{E}},\tilde{q}}X = \sum_{i\in I} 1_{A_i} \int_{0+}^{\cdot} \frac{1}{{}^{i}Z_{s-}(\tilde{q})}\, d\langle X, {}^{i}Z(\tilde{q})\rangle_s$$

appartient à $\underline{\underline{V}}_p(\underline{\underline{G}})$ tandis que $X - {}^{\underline{\underline{E}},\tilde{q}}X$ appartient à $\underline{\underline{L}}(\underline{\underline{G}},Q)$ (le théorème de Girsanov correspond au cas où card $I = 1$, $A_1 = \Omega$!).

2) Pour X dans $\underline{\underline{M}}^1(\underline{\underline{F}},P)$, X appartient à $\underline{\underline{H}}^1(\underline{\underline{G}},Q)$ si et seulement si $V_Q(X,\underline{\underline{F}}^{\underline{\underline{E}}})$ $(= E_Q[\int_0^\infty |d^{\underline{\underline{E}},\tilde{q}}X_s|])$ est finie ; cette dernière quantité est encore égale à $E_P[A_\infty(\tilde{q},\underline{\underline{E}},X)]$ où $A_\cdot(\tilde{q},\underline{\underline{E}},X)$ est le processus (à valeurs dans $\bar{\mathbb{R}}_+$) défini par :

$$(3,5')\qquad A_t(\tilde{q},\underline{\underline{E}},X) = \sum_{i\in I} \int_0^t |d\langle {}^{A_i}Z(\tilde{q}), X\rangle_s| .$$

On peut avoir $V_P(X,\underline{\underline{G}}) = +\infty$ et même $A_t(1,\underline{\underline{E}},X) = +\infty$ pour tout $t > 0$ (i.e. on ne peut alors pas localiser la $\underline{\underline{G}}$-semi-martingale dans $\underline{\underline{H}}^1(\underline{\underline{G}},P)$ à l'aide d'une suite de $\underline{\underline{F}}$-temps d'arrêt ; voir l'exemple III- 3-b).

3) Soit $\underline{\underline{P}}(\underline{\underline{F}})$ la tribu $\underline{\underline{F}}$-prévisible. Pour X dans $\underline{\underline{M}}^1(\underline{\underline{F}},P)$ on définit (en suivant Meyer [44]) la <u>bimesure</u> $\mu_{X,\tilde{q}}$ sur $\underline{\underline{A}} \times \underline{\underline{P}}(\underline{\underline{F}})$ par :

$$(3,6)\qquad \mu_{X,\tilde{q}}(A,B) = E_P\Big[\tilde{q}\, 1_A \int_{0+}^{\infty} 1_B(s)\, dX_s\Big]$$

$$= E_P\Big[\int_{0+}^{\infty} 1_B(s)\, d\langle X, {}^{A}Z(\tilde{q})\rangle_s\Big].$$

La norme $||\mu_{X,\tilde{q}}||_{\underline{\underline{E}}}$ de sa restriction à $\underline{\underline{E}} \times \underline{\underline{P}}(\underline{\underline{F}})$ est donnée par :

$$||\mu_{X,\tilde{q}}||_{\underline{\underline{E}}} = \sup\{ \sum_{k,l} |\mu_{X,\tilde{q}}(A_k,B_l)|,\ (A_k) \text{ partition finie } \underline{\underline{E}}\text{-mesurable de } \Omega,$$

$$(B_l) \text{ partition finie } \underline{\underline{P}}(\underline{\underline{F}})\text{-mesurable de } \mathbb{R}_+ \times \Omega\}$$

$$= E_P[A_\infty(\tilde{q},E,X)] = V_Q(X,\underline{\underline{F}}^{\underline{\underline{E}}}).$$

Dire que X appartient à $\underline{\underline{H}}^1(\underline{\underline{G}},Q)$ revient donc à dire que la bimesure $\mu_{X,\tilde{q}}$ est bornée sur $\underline{\underline{E}} \times \underline{\underline{P}}(\underline{\underline{F}})$.

III-2. Adjonction d'une tribu séparable.

III-2-a) Résultats individuels.

Etudions maintenant le cas où l'on adjoint à $\underline{\underline{F}}_0$ une tribu séparable $\underline{\underline{E}}$; une telle tribu étant engendrée par une suite croissante de tribus finies, les résultats du paragraphe précédent (et plus particulièrement la remarque (3,4)) vont nous permettre de donner des conditions pour qu'une $(\underline{\underline{F}},P)$-martingale locale X reste une $\underline{\underline{F}}^{\underline{\underline{E}}}$-semi-martingale.

On a en effet le

Lemme (3,7) : *soit X dans $M^1(\underline{\underline{F}},P)$ et soit $Q = \tilde{q}\cdot P$ une probabilité équivalente à P ($\tilde{q}$ bornée). Alors :*

$$V_Q(X,\underline{\underline{F}}^{\underline{\underline{E}}}) = V_Q(X,\underline{\underline{C}}^{\underline{\underline{E}}}) = \sup\{V_Q(X,\underline{\underline{C}}^{\underline{\underline{E}}'}),\ \underline{\underline{E}}' \text{ sous tribu atomique de } \underline{\underline{E}}\}$$

et $$V_Q(X,\underline{\underline{F}}^{\underline{\underline{E}}}) = \lim_n V_Q(X,\underline{\underline{F}}^{\underline{\underline{E}}_n})$$

pour toute suite croissante $(\underline{\underline{E}}_n)_{n\geq 0}$ de sous tribus de $\underline{\underline{E}}$, engendrent $\underline{\underline{E}}$.

Démonstration : soit $\tau = (0 \leq t_0 < t_1 <\ldots< t_n < t_{n+1} < +\infty)$ une subdivision de $\mathbb{R}_+$; pour tout $h > 0$, $\tau+h$ est la subdivision $(t_0+h, t_1+h,\ldots,t_n+h, t_{n+1}+h)$.

$$V_Q(X,\underline{\underline{F}}^{\underline{\underline{E}}},\tau) = \sum_{i=0}^{i=n} E_Q\Big[\big|X_{t_i} - E_Q[X_{t_{i+1}}|\underline{\underline{F}}^{\underline{\underline{E}}}_{t_i}]\big|\Big]$$

$$\leq \sum_{i=0}^{i=n} E_Q\Big[\big|X_{t_i} - E_Q[X_{t_{i+1}}|\underline{\underline{C}}^{\underline{\underline{E}}}_{h+t_i}]\big|\Big]$$

$$\leq V_Q(X,\underline{\underline{C}}^{\underline{\underline{E}}},\tau+h) + 2\sum_{i=0}^{i=n} E_Q\big[|X_{h+t_i} - X_{t_i}|\big].$$

$t \to X_t$ est continue à droite dans $L^1(Q)$ ($\tilde{q}$ est bornée et X^*_∞ appartient à $L^1(P)$) ; on a donc la première égalité.

Le théorème de convergence des martingales montre que pour toute subdivision τ de $\mathbb{R}_+$ on a :

$$V_Q(X,\underline{\underline{C}}^{\underline{\underline{E}}},\tau) = \lim_n V_Q(X,\underline{\underline{C}}^{\underline{\underline{E}}_n},\tau)$$

pour toute suite croissante $(\underline{\underline{E}}_n)_{n\in\mathbb{N}}$ de sous tribus de $\underline{\underline{E}}$ telle que $\bigvee_n \underline{\underline{E}}_n = \underline{\underline{E}}$.

Les autres assertions s'obtiennent alors par interversion de supremums.

On dispose ainsi des critères suivants :

Proposition (3,8) : soit X une martingale de $M^1(\underline{\underline{F}},P)$.

a) Soient $Q = \tilde{q}\cdot P$ une probabilité équivalente à P, à densité $\tilde{q}$ bornée, et $\mu_{X,\tilde{q}}$ la bimesure sur $\underline{\underline{A}} \times \underline{\underline{P}}(\underline{\underline{F}})$ définie par (3,6). Alors X appartient à $\underline{\underline{H}}^1(\underline{\underline{F}}^{\underline{\underline{E}}},Q)$ si et seulement si la restriction de $\mu_{X,\tilde{q}}$ à $\underline{\underline{E}} \times \underline{\underline{P}}(\underline{\underline{F}})$ est bornée.

b) X est une $\underline{\underline{F}}^{\underline{\underline{E}}}$-semi-martingale si et seulement si il existe une probabilité Q équivalente à P, à densité $\tilde{q}$ bornée, telle que $||\mu_{X^u,\tilde{q}}||_{\underline{\underline{E}}}$ soit finie pour tout réel u.

Démonstration : a) D'après le lemme (3,7) et la remarque (3,4-3), la condition indiquée est équivalente à : $V_Q(X,\underline{\underline{F}}^{\underline{\underline{E}}})$ est finie.

X appartient par hypothèse à $M^1(\underline{\underline{F}},P)$; $\tilde{q}$ est bornée et $[X,X]$ ne dépend ni de la filtration, ni de la probabilité (équivalente à P) par rapport auxquelles on le calcule ; $E_Q\left[[X,X]_\infty^{\frac{1}{2}}\right]$ est fini. Il suffit d'appliquer (1,15) (sous Q) pour obtenir l'équivalence indiquée.

b) Ce point résulte de a) et de la proposition (1,16).

Notons un autre point facile : soit X une $(\underline{\underline{F}},P)$-martingale locale, $X_0 = 0$; X est une $(\underline{\underline{F}}^{\underline{\underline{E}}},P)$-martingale locale si et seulement si $\langle X, {}^A Z\rangle$ est nul pour tout A $\underline{\underline{E}}$-mesurable (c'est par exemple le cas lorsque $\underline{\underline{E}}$ est indépendante de $\underline{\underline{F}}$!).

Par localisation on peut en effet supposer que X appartient à $\underline{\underline{M}}^1(\underline{\underline{F}},P)$; dire alors que X appartient à $\underline{\underline{L}}(\underline{\underline{F}}^{\underline{\underline{E}}},P)$, c'est dire que la variation $V_P(X,\underline{\underline{F}}^{\underline{\underline{E}}})$ est nulle, ou encore (lemme (3,7)) que $V_P(X,\underline{\underline{F}}^{\underline{\underline{E}}'})$ est nulle pour toute sous tribu finie $\underline{\underline{E}}'$ de $\underline{\underline{E}}$, ce qui équivaut encore, d'après la remarque (3,4-2) à dire que $\langle X, {}^A Z\rangle$ est nul pour tout A $\underline{\underline{E}}$-mesurable.

En pratique, la tribu séparable $\underline{\underline{E}}$ que l'on adjoint à la filtration $\underline{\underline{F}}$ est souvent donnée par l'intermédiaire d'une variable aléatoire réelle L qui l'engendre ; on note alors $\underline{\underline{E}} = \sigma(L)$. L étant fixée, le théorème (3,9) ci-dessous donne des conditions pour qu'une $(\underline{\underline{F}},P)$-martingale locale donnée X reste une $\underline{\underline{F}}^{\sigma(L)}$-semi-martingale.

Précisons nos notations : $\underline{\underline{O}}(\underline{\underline{F}})$ désigne la tribu $\underline{\underline{F}}$-optionnelle sur $\mathbb{R}_+ \times \Omega$; pour $\tilde{q}$ variable aléatoire positive bornée, on note par $(a,s,\omega) \to \Lambda(\tilde{q},a,s,\omega) = \Lambda_s^a(\tilde{q})(\omega)$ une version $\mathbb{R} \times \underline{\underline{O}}(\underline{\underline{F}})$-mesurable, continue à droite et décroissante on a, bornée par $||\tilde{q}||_{\infty}$, de la famille de $(\underline{\underline{F}},P)$-martingales

$$E_P\left[\tilde{q}\ 1_{\{L>a\}}|\underline{\underline{F}}_s\right] \quad (a\in\mathbb{R}) \ ;$$

$\Lambda(\tilde{q},a,s-) = \Lambda^a_{s-}(\tilde{q})$ désigne une version $\underline{\underline{R}} \otimes \underline{\underline{P}}(\underline{\underline{F}})$-mesurable (toujours continue à droite et décroissante en a) bornée par $||\tilde{q}||_{\infty}$ de la famille de processus $^P(\tilde{q}\ 1_{\{L>a\}})$.

On abrège $\Lambda^a_s(1)$ par Λ^a_s et $\Lambda^a_{s-}(1)$ par Λ^a_{s-}.

Théorème (3,9) : soit X une $(\underline{\underline{F}},P)$-martingale locale. Les conditions suivantes sont équivalentes :

1) X est une $\underline{\underline{F}}^{\sigma(L)}$-semi-martingale.

2) Il existe une probabilité $Q = \tilde{q}\cdot P$ équivalente à P, à densité $\tilde{q}$ bornée, telle que :

$$(3,10)\begin{cases} \text{i) il existe une version de } (a,t) \to \langle X,\Lambda^a(\tilde{q})\rangle_t \text{ continue à droite et à variation finie en } a \text{ (resp. en } t\text{) pour tout } t \text{ (resp. tout } a\text{);} \\ \text{ii) } A_t(\tilde{q},\sigma(L),X) = \int_{]0,t]\times\mathbb{R}_a} |d_{(s,a)}\langle X,\Lambda^a(\tilde{q})\rangle_s| \text{ est fini pour tout } t. \end{cases}$$

Démonstration : on peut supposer : $X_0 = 0$.

Supposons 2) vérifiée ; d'après la condition (3,10-i), on a :

$$A_t(\tilde{q},\sigma(L),X) = \sup_n \Big(\sum_{k\in\mathbb{Z}} \int_0^t |d\langle X,\Lambda^{k2^{-n}}(\tilde{q}) - \Lambda^{(k+1)2^{-n}}(\tilde{q})\rangle_s| \ ;$$

(3,10-ii) implique que $A_\cdot(\tilde{q},\sigma(L),X)$ est $\underline{\underline{F}}$-localement intégrable.

Soit T un $\underline{\underline{F}}$-temps d'arrêt tel que $E_P\left[A_T(\tilde{q},\sigma(L),X\right]$ et $E_P\left[[X,X]^{\frac{1}{2}}_T\right]$ soient finis ; $\underline{\underline{E}}_n$ $(n\in\mathbb{N})$ désignant la tribu engendrée par les ensembles $(\{k2^{-n} < L \leq (k+1)2^{-n}\},k\in\mathbb{Z})$, le lemme (3,7) et les remarques (3,4) permettent d'écrire :

$$||\mu_{X^T,\tilde{q}}||_{\sigma(L)} = \sup_n ||\mu_{X^T,\tilde{q}}||_{\underline{\underline{E}}_n}$$

$$= \sup_n E_P\left[\sum_{k\in\mathbb{Z}} \int_0^\infty |d\langle X^T,\Lambda^{k2^{-n}}(\tilde{q}) - \Lambda^{(k+1)2^{-n}}(\tilde{q})\rangle_s|\right]$$

$$= E_P\left[A_T(\tilde{q},\sigma(L),X)\right].$$

D'après la proposition (3,8-a), X^T appartient à $\underline{\underline{H}}^1(\underline{\underline{F}}^{\sigma(L)},Q)$; d'où 1) par localisation (théorème (1,11)).

Réciproquement, supposons que X soit une $\underline{\underline{F}}^{\sigma(L)}$-semi-martingale. D'après la proposition (1,16) il existe une probabilité $Q = \tilde{q}\cdot P$ équivalente à P telle que, pour tout entier n, $X_{n\wedge\cdot}$ appartienne à $H^1(\underline{\underline{F}}^{\sigma(L)},Q)$; on peut supposer $\tilde{q}$ bornée ; 2) résulte alors de la proposition suivante :

Proposition (3,11) : soient $Q = \tilde{q}\cdot P$ une probabilité équivalente à P, à densité $\tilde{q}$ bornée, et X un élément de $\underline{\underline{L}}(\underline{\underline{F}},P)\cap \underline{\underline{H}}^1_0(\underline{\underline{F}}^{\sigma(L)},Q)$. Alors :

- les conditions (3,10) sont vérifiées ;
- $V_Q(X,\underline{\underline{F}}^{\sigma(L)}) = E_P[A_\infty(\tilde{q},\sigma(L),X)]$;
- si $X = {}^{\sigma(L),\tilde{q}}\overline{X} + {}^{\sigma(L),\tilde{q}}X$ est la $(\underline{\underline{F}}^{\sigma(L)},Q)$-décomposition canonique de X $({}^{\sigma(L),\tilde{q}}\overline{X}\in \underline{\underline{L}}(\underline{\underline{F}}^{\sigma(L)},Q),\ {}^{\sigma(L),\tilde{q}}X\in \underline{\underline{V}}_p(\underline{\underline{F}}^{\sigma(L)}),\ {}^{\sigma(L),\tilde{q}}X_0 = 0)$, la Q-projection duale $\underline{\underline{F}}^{\sigma(L)}$-prévisible de $\int_0^\cdot |d\,{}^{\sigma(L),\tilde{q}}X_s|$ est donnée par :

$$\left(\int_0^\cdot |d\,{}^{\sigma(L),\tilde{q}}X_s|\right)^{P-Q/\underline{\underline{F}}^{\sigma(L)}} = \int_0^\cdot \frac{1}{q_{s-}}\,dA_s(\tilde{q},\sigma(L),X).$$

Démonstration : α) Quitte à localiser, on peut supposer : $X\in \underline{\underline{M}}^1(\underline{\underline{F}},P)\cap \underline{\underline{H}}^1(\underline{\underline{F}}^{\sigma(L)},Q)$; d'après la proposition (3,8), $||\mu_{X,\tilde{q}}||_{\sigma(L)}$ est fini.

Soit $\mathbb{D}$ l'ensemble des nombres dyadiques et soit, pour $n\in\mathbb{N}$, $\underline{\underline{E}}_n$ la tribu engendrée par les ensembles $\{k2^{-n} < L \leq (k+1)2^{-n}\}$ $(k\in\mathbb{Z})$.

$$||\mu_{X,\tilde{q}}||_{\sigma(L)} = \sup_n ||\mu_{X,\tilde{q}}||_{\underline{\underline{E}}_n}$$

$$= \sup_n E_P\left[\sum_{k\in\mathbb{Z}} \int_0^\infty |d\langle X,\Lambda^{k2^{-n}}(\tilde{q}) - \Lambda^{(k+1)2^{-n}}(\tilde{q})\rangle_s|\right].$$

Il existe un ensemble $\underline{\underline{F}}_\infty$-mesurable C, de probabilité 1, tel que sur C :

- pour tout (a,b) de $\mathbb{D}^2$, $\langle X,\Lambda^a(\tilde{q})\rangle - \langle X,\Lambda^b(\tilde{q})\rangle = \langle X,\Lambda^a(\tilde{q}) - \Lambda^b(\tilde{q})\rangle$;
- $W = \sup_n \sum_{k\in\mathbb{Z}} \int_0^\infty |d\langle X,\Lambda^{k2^{-n}}(\tilde{q}) - \Lambda^{(k+1)2^{-n}}(\tilde{q})\rangle_s|$ est fini.

Soit alors $x\in\mathbb{R}$; $\phi(x,s) = \lim_{\substack{a\in\mathbb{D}\\ a>x}} \langle X,\Lambda^a(\tilde{q})\rangle_s$ existe, la convergence étant uniforme en $s\in\mathbb{R}_+$ (pour $x < a < b < y$; $a,b\in\mathbb{D}$,

$$\sup_{s\geq 0} |<X,\Lambda^a(\tilde{q})>_s - <X,\Lambda^b(\tilde{q})>_s| \leq \sup_n \sum_{x<k2^{-n}<y} \int_0^\infty |d<X,\Lambda^{k2^{-n}}(\tilde{q}) - \Lambda^{(k+1)2^{-n}}(\tilde{q})>_u|) ;$$

$x \to \phi(x,s)$ est continu à droite par construction, $s \to \phi(x,s)$ est continu à droite, limité à gauche (limite uniforme) et à variation finie sur $\mathbb{R}_+$ puisque

$$\sup_{\substack{a\in\mathbb{D}\\ a>x}} \int_0^\infty |d<X,\Lambda^a(\tilde{q})>_s| \leq W + \int_0^\infty |d<X,\Lambda^0(\tilde{q})>_s| < +\infty.$$

De même, pour s fixé, $x \to \phi(x,s)$ est à variation finie (majorée par W).

En outre, pour tout x de $\mathbb{R}$, $\phi(x,\cdot)$ est indistinguable de $<X,\Lambda^x(\tilde{q})>$; en effet, les deux processus considérés sont $\underline{\underline{F}}$-prévisibles, à variation intégrable ; il suffit donc de montrer que leur différence est une martingale (prévisible, à variation finie, nulle en 0, donc nulle) ; or pour tout $\underline{\underline{F}}$-temps d'arrêt T,

$$E_P[\phi(x,T)] = \lim_{\substack{a\in\mathbb{D}\\ a>x}} E_P[<X,\Lambda^a(\tilde{q})>_T]$$

$$= \lim_{\substack{a\in\mathbb{D}\\ a>x}} E_P[\tilde{q}\, X_T \; ; \; a<L] = E_P[\tilde{q}\, X_T \; ; \; x<L] = E_P[<X,\Lambda^x(\tilde{q})>_T].$$

Enfin $W = \int_{\mathbb{R}_+\times\mathbb{R}_a} |d_{(s,a)}\, \phi(a,s)| = A_\infty(\tilde{q},\sigma(L),X)$ est fini et :

$$E_P[A_\infty(\tilde{q},\sigma(L),X)] = ||\mu_{X,\tilde{q}}||_{\sigma(L)} = V_Q(X,\underline{\underline{F}}^{\sigma(L)}).$$

β) Soit H un processus $\underline{\underline{F}}$-prévisible positif et borné ; on a :

$$A_t(\tilde{q},\sigma(L),H\cdot X) = \int_0^t H_s \, dA_s(\tilde{q},\sigma(L),X) \; ;$$

X appartient à $\underline{\underline{H}}^1(\underline{\underline{F}}^{\sigma(L)},Q)$; on a donc :

$$E_Q[\int_0^\infty H_s \, |d^{\sigma(L),\tilde{q}} X_s|] = V_Q(H\cdot X,\underline{\underline{F}}^{\sigma(L)}) = E_P[A_\infty(\tilde{q},\sigma(L),H\cdot X)]$$

$$= E_P[\int_0^\infty H_s \, dA_s(\tilde{q},\sigma(L),X)] = E_Q[\int_0^\infty \frac{H_s}{q_{s-}} \, dA_s(\tilde{q},\sigma(L),X)],$$

d'où la proposition (3,11).

Particularisons la situation : X est une $(\underline{\underline{F}},P)$-martingale de $\underline{\underline{M}}^2_{loc}(\underline{\underline{F}},P)$ (i.e. telle que $<X,X>$ projection P-duale $\underline{\underline{F}}$-prévisible de $[X,X]$ existe). D'après l'inégalité de Kunita-Watanabe, pour tout a de $\mathbb{R}$, $<X,\Lambda^a(\tilde{q})>$ est absolument continu par rapport à $<X,X>$; on en note $\lambda(\tilde{q},a,s)$ une densité $\underline{\underline{P}}(\underline{\underline{F}})$-mesurable.

On peut alors remplacer dans les énoncés du théorème (3,9) et de la proposition (3,11) les conditions (3,10) par :

(3,10') $\begin{cases} \text{il existe une version } (a,s) \to \lambda(\tilde{q},a,s)\ \underline{\underline{R}} \otimes \underline{\underline{P}}(\underline{\underline{F}})\text{-mesurable, continue} \\ \text{à droite et à variation finie en } a \text{ telle que :} \\ - \text{ pour tout } a \int_0^{\cdot} \lambda(\tilde{q},a,s)\, d\langle X,X\rangle_s \text{ est indistinguable de} \\ \langle X,\Lambda^a(\tilde{q})\rangle\ ; \\ - A_t(\tilde{q},\sigma(L),X) = \int_{0+}^t d\langle X,X\rangle_s \int_{\mathbb{R}} |\lambda(\tilde{q},da,s)| \text{ est fini pour tout } t. \end{cases}$

(Les démonstrations sont analogues).

III-2-b) Recherche de décompositions canoniques.

Conservons les notations introduites en III-2-a). Soit X un élément de $\underline{\underline{L}}(\underline{\underline{F}},P) \cap \underline{\underline{S}}(\underline{\underline{F}}^{\sigma(L)})$; il est naturel d'étudier sa $(\underline{\underline{F}}^{\sigma(L)},P)$-décomposition canonique $X = {}^{\sigma(L)}\overline{X} + {}^{\sigma(L)}\chi$.

Lorsque L est à valeurs dans l'ensemble au plus dénombrable $(a_i)_{i\in I}$ ${}^{\sigma(L)}\chi$ est donné par la formule (3,3), avec $A_i = \{L = a_i\}$. Si l'on suppose en outre X dans $\underline{\underline{M}}^2_{loc}(\underline{\underline{F}},P)$, on remarque que ${}^{\sigma(L)}\chi$ est absolument continu par rapport à $\langle X,X\rangle$.

Un tel résultat n'est pas vrai en général : supposons que $\underline{\underline{F}}$ soit la filtration naturelle (dûment complétée) d'un processus de Poisson N défini sur $(\Omega,\underline{\underline{A}},P)$; $\underline{\underline{L}}(\underline{\underline{F}},P)$ est inclus dans $\underline{\underline{V}}(\underline{\underline{F}})$; l'hypothèse $\underline{\underline{H}}'$ est donc vérifiée par la filtration constante $\underline{\underline{F}}_\infty$; mais la mesure dN_t n'est pas absolument continue par rapport à $d\langle N,N\rangle_t = dt$ (cf. [26]).

On peut toutefois énoncer :

<u>Proposition (3,12)</u> : <u>soit</u> X <u>dans</u> $\underline{\underline{M}}^2_{loc}(\underline{\underline{F}},P)$. <u>Les conditions suivantes sont équivalentes</u>

1) <u>il existe une application mesurable</u> ℓ <u>de</u> $(\mathbb{R} \times \mathbb{R}_+ \times \Omega,\ \underline{\underline{R}} \otimes \underline{\underline{P}}(\underline{\underline{F}}))$ <u>dans</u> $(\mathbb{R},\underline{\underline{R}})$ <u>telle que</u> :

i) $\int_0^t d\langle X,X\rangle_s \int_{\mathbb{R}} |\ell(x,s)|\ \Lambda(dx,s-)$ <u>est fini pour tout</u> t <u>et</u>

ii) $\langle X,\Lambda^a\rangle = \int_0^{\cdot} d\langle X,X\rangle_s \int_{]a,\infty[} \ell(x,s)\ \Lambda(dx,s-)$ <u>pour tout</u> a.

2) X <u>est une</u> $\underline{\underline{F}}^{\sigma(L)}$<u>-semi-martingale, localisable dans</u> $\underline{\underline{H}}^1(\underline{\underline{F}}^{\sigma(L)},P)$ <u>à l'aide d'une suite de</u> $\underline{\underline{F}}$<u>-temps d'arrêt, et dont la partie à variation finie</u> $\underline{\underline{F}}^{\sigma(L)}$<u>-prévisible</u> ${}^{\sigma(L)}X$ <u>est absolument continue par rapport à</u> $<X,X>$, <u>de densité</u> $\ell(L,\cdot)\, 1_{]\!]0,+\infty[\![}$.

La proposition (3,12) sera utilisée dans de nombreux exemples.

Caractérisons la tribu $\underline{\underline{F}}^{\sigma(L)}$-prévisible sur $]\!]0,+\infty[\![$:

<u>Lemme (3,13)</u> : a) <u>soit</u> H <u>un processus</u> $\underline{\underline{F}}^{\sigma(L)}$<u>-prévisible borné ; il existe une application</u> h <u>de</u> $(\mathbb{R}\times\mathbb{R}_+\times\Omega,\ \underline{\underline{\mathbb{R}}}\otimes\underline{\underline{P}}(\underline{\underline{F}}))$ <u>dans</u> $(\mathbb{R},\underline{\underline{\mathbb{R}}})$ <u>telle que</u>

$H_s(\omega) = h(L(\omega),s,\omega)$ <u>pour</u> $s > 0$.

b) <u>Soit</u> Q <u>une probabilité équivalente à</u> P, <u>à densité</u> $\tilde{q}$ <u>bornée</u>. h <u>ayant les propriétés de mesurabilité indiquées en</u> a), <u>on a les formules de projection :</u>

$$(3,14)\qquad {}^{P}(h(L,\cdot))_s = \int_{\mathbb{R}} h(x,s)\ \Lambda(dx,s-)\ ;$$

$$(3,14')\qquad {}^{P-Q}(h(L,\cdot))_s = \frac{1}{q_{s-}}\int_{\mathbb{R}} h(x,s)\ \Lambda(\tilde{q},dx,s-).$$

<u>Démonstration</u> : les processus de la forme $H_s(\omega) = f(L(\omega))\ f_t(\omega)\ 1_{\{t<s\}}$ (f borélienne sur $\mathbb{R}$, f_t $\underline{\underline{F}}_t$-mesurable, $t \geq 0$) engendrent la tribu $\underline{\underline{F}}^{\sigma(L)}$-prévisible sur $]\!]0,+\infty[\![$; on obtient alors a) et b) par classe monotone.

Venons-en à la démonstration de la proposition (3,12). On se ramène facilement au cas où $X_0 = 0$. Supposons 2) vérifiée ; par localisation, on peut supposer que X appartient à $\underline{\underline{M}}^2(\underline{\underline{F}},P)\cap\underline{\underline{H}}^1(\underline{\underline{F}}^{\sigma(L)},P)$. On a alors :

$$+\infty > E\Big[\int_0^\infty |d^{\sigma(L)}X_s|\Big] = E\Big[\int_{0+}^\infty |\ell(L,s)|\ d<X,X>_s\Big]$$

$$= E\Big|\int_0^\infty {}^{P}|\ell(L,s)|\ d<X,X>_s\Big|$$

$$= E\Big[\int_0^\infty d<X,X>_s \int_{\mathbb{R}} |\ell(x,s)|\ \Lambda(dx,s-)\Big] \qquad \text{(formule (3,14)) ;}$$

de même pour tout processus $\underline{\underline{F}}$- prévisible borné H, pour tout réel a, on a :

$$E\Big[\int_0^\infty H_s\ d<X,\Lambda^a>_s\Big] = E\big[(H\cdot X)_\infty\ ;\ L>a\big] = E\big[(H\cdot{}^{\sigma(L)}X)_\infty\ ;\ L>a\big]$$

$$= E\Big[\int_0^\infty H_s\ \ell(L,s)\ 1_{\{L>a\}}\ d<X,X>_s\Big]$$

$$= E\Big|\int_0^\infty H_s\ {}^{P}(\ell(L,\cdot)\ 1_{\{L>a\}})_s\ d<X,X>_s\Big| \qquad \text{d'où ii) d'après (3,14).}$$

Réciproquement, supposons 1) vérifiée. Quitte à localiser X, on peut cette fois-ci supposer que X appartient à $\underline{\underline{M}}^2(\underline{\underline{F}},P)$ et que $\int_0^\infty d\langle X,X\rangle_s \int_{\mathbf{R}} |\ell(x,s)|\ \Lambda(dx,s-)$ est intégrable ; la condition 2) du théorème (3,9) est remplie pour $\tilde{q} = 1$; X est donc une $\underline{\underline{F}}^{\sigma(L)}$-semi-martingale et appartient à $\underline{\underline{H}}^1(\underline{\underline{F}}^{\sigma(L)},P)$ puisque $||\mu_X||_{\sigma(L)} = E[A_\infty(\sigma(L),X)] = E[\int_0^\infty d\langle X,X\rangle_s \int_{\mathbf{R}} |\ell(x,s)|\ \Lambda(dx,s-)]$ est fini. Il nous reste à montrer que ${}^{\sigma(L)}X$ est absolument continu par rapport à $\langle X,X\rangle$, de densité $\ell(L,\cdot)$. Nous allons utiliser à cette fin un argument de martingale.

On définit une mesure (bornée) μ sur $\underline{\underline{P}}(\underline{\underline{F}}^{\sigma(L)})$ par :

$$A \to \mu(A) = E[(1_A\cdot X)_\infty] = E[(1_A\cdot {}^{\sigma(L)}X)_\infty].$$

Introduisons quelques notations auxiliaires : $\underline{\underline{D}}$ est l'ensemble des suites strictement croissantes $\delta : Z \to \mathbf{R}$ telles que $\lim_{n\to-\infty} \delta(n) = -\infty$, $\lim_{n\to+\infty} \delta(n) = +\infty$; pour δ dans $\underline{\underline{D}}$, on note $|\delta| = \sup_n |\delta(n+1) - \delta(n)|$; pour $\delta \in \underline{\underline{D}}$ et $x \in \mathbf{R}$, $x^\delta = \delta(n+1)$ (resp. $x^{\delta-} = \delta(n)$) si $\delta(n) < x \leq \delta(n+1)$; $\underline{\underline{P}}^\delta$ est la tribu $\underline{\underline{F}}^{\sigma(L^\delta)}$-prévisible.

Soit μ_δ la restriction de μ à $\underline{\underline{P}}^\delta$; d'après le théorème (3,2), μ_δ est absolument continue par rapport à $\nu = d\langle X,X\rangle\, dP$, de densité U^δ donnée par :

$$U_s^\delta = \frac{\lambda(L^{\delta-},s) - \lambda(L^\delta,s)}{\Lambda(L^{\delta-},s-) - \Lambda(L^\delta,s-)}$$

$$= \frac{\int_{]L^{\delta-},L^\delta]} \ell(x,s)\ \Lambda(dx,s-)}{\Lambda(L^{\delta-},s-) - \Lambda(L^\delta,s-)} \qquad \text{(d'après la condition ii)).}$$

D'après les lemmes (3,1) et (3,13), U^δ est indistinguable de la projection $\underline{\underline{F}}^{\sigma(L^\delta)}$-prévisible du processus $\ell(L,\cdot)$; $\ell(L,\cdot)$ étant ν-intégrable, $U^\delta = \nu[\ell(L,\cdot)\,|\,\underline{\underline{P}}^\delta]$. L'algèbre de Boole $\bigcup_{\delta\in\underline{\underline{D}}} \underline{\underline{P}}^\delta$ engendrant la tribu $\underline{\underline{P}}(\underline{\underline{F}}^{\sigma(L)})$, on a : $\mu = \ell(L,\cdot)\cdot\nu$, ce qui achève la démonstration de la proposition (3,12).

III-2-c) L'hypothèse $\underline{\underline{H}}'$: conditions nécessaires et/ou suffisantes.

On a donné au chapitre II des conditions générales assurant la validité de $\underline{\underline{H}}'$. Nous allons voir ce qu'elles deviennent lorsque $\underline{\underline{G}}$ est obtenue par grossissement initial de la filtration $\underline{\underline{F}}$ et nous apportons quelques précisions sur l'ampleur d'un tel grossissement.

Soient $t \geq 0$ et $\underline{\underline{G}}$ une sous filtration de $\underline{\underline{A}}$; $\psi_{t,\underline{\underline{G}}}$ est définie sur l'ensemble des processus mesurables par :

$$\psi_{t,\underline{\underline{G}}}(X) = \sup_{J \in \underline{\underline{J}}^e(\underline{\underline{G}})} E[\inf(1,|(J\cdot X)_t|)] \qquad \text{(cf. chapitre II, (2,3)).}$$

Le lemme suivant résume quelques propriétés de $\psi_{t,\cdot}$.

Lemme (3,15) : soit $t \geq 0$ fixé.

a) $\underline{\underline{G}} \subset \underline{\underline{G}}'$ (*) implique $\psi_{t,\underline{\underline{G}}} \leq \psi_{t,\underline{\underline{G}}'}$

b) Soit $(\underline{\underline{G}}^{(n)})_{n\in\mathbb{N}}$ une suite croissante de filtration et soit $\underline{\underline{G}} = (\underline{\underline{G}}_u)_{u\geq 0}$ où $\underline{\underline{G}}_u = \bigcap_{s>u} \bigvee_n \underline{\underline{G}}_s^{(n)}$. Pour tout processus mesurable X, continu à droite en probabilité et tel que X_0 soit $G_0^{(0)}$-mesurable, on a :

$$\psi_{t,\underline{\underline{G}}}(X) = \lim_n \psi_{t,\underline{\underline{G}}^{(n)}}(X).$$

c) Soit $X \in \underline{\underline{S}}_{sp}(\underline{\underline{G}})$, $X = \overline{X} + \chi$ sa $(\underline{\underline{G}},P)$-décomposition canonique ($\overline{X} \in \underline{\underline{L}}(\underline{\underline{G}},P)$, $\chi \in \underline{\underline{V}}_p(\underline{\underline{G}})$, $\chi_0 = 0$). Alors :

$$\left|E\left[\inf(1, \int_0^t |d\chi_s|)\right] - \psi_{t,\underline{\underline{G}}}(X)\right| \leq 3\,\Delta_1\, E\left[[X,X]_t^{\frac{1}{2}}\right].$$

Démonstration : a) résulte de l'inclusion $\underline{\underline{J}}^e(\underline{\underline{G}}) \subset \underline{\underline{J}}^e(\underline{\underline{G}}')$; si X_0 est $\underline{\underline{G}}_0$-mesurable, on a : $\psi_{t,\underline{\underline{G}}}(X) \sup_{J\in \underline{\underline{J}}^e(\underline{\underline{G}}), J_0=\mathrm{sgn}(X_0)} E[\inf(1, |(J\cdot X)_t|)]$.

Plaçons nous sous les hypothèses de b) ; soit $J = \mathrm{sgn}(X_0)\, 1_{[\![0]\!]} + \sum_{i=0}^{i=n} j_i\, 1_{]\!]t_i,t_{i+1}]\!]}$ $(0 \leq t_0 < t_1 < \ldots < t_{n+1}$, j_i $\underline{\underline{G}}_{t_i}$-mesurable borné par 1) un élément de $\underline{\underline{J}}^e(\underline{\underline{G}})$; soient $u > 0$, $j_{i,u,m} = E[j_i | \underline{\underline{G}}^{(m)}_{u+t_i}]$ et $J^{(u,m)} = \mathrm{sgn}(X_0)\, 1_{[\![0]\!]} + \sum_{i=0}^{i=n} j_{i,u,m} 1_{]\!]u+t_i,u+t_{i+1}]\!]}$

(*) $\underline{\underline{G}} \subset \underline{\underline{G}}'$ est l'ordre (partiel) défini par : $\underline{\underline{G}}_t \subset \underline{\underline{G}}'_t$ pour tout $t \geq 0$.

La continuité à droite en probabilité de X et le théorème de convergence des martingales impliquent :

$$E[\inf(1,|(J\cdot X)_t|)] = \lim_{u\downarrow\downarrow 0}\ \lim_{m\to+\infty} E[\inf(1,|(J^{(u,m)}\cdot X)_t|)] .$$

On a donc : $E[\inf(1,|(J\cdot X)_t|)] \leq \sup_m \psi_{t,\underline{\underline{G}}^{(m)}}(X)$, d'où l'égalité annoncée.

Enfin, si $X = \overline{X} + \chi$ est la $(\underline{\underline{G}},P)$-décomposition canonique de la $(\underline{\underline{G}},P)$-semi-martingale spéciale X, on a :

$$E[\inf(1, \int_0^t |d\chi_s|)] = \psi_{t,\underline{\underline{G}}}(\chi) \quad \text{et :}$$

$$|\psi_{t,\underline{\underline{G}}}(\chi) - \psi_{t,\underline{\underline{G}}}(X)| \leq \psi_{t,\underline{\underline{G}}}(\overline{X}) \leq \sigma_1^e(\overline{X}^t,\underline{\underline{G}})$$

$$\leq \Delta_1 \,||\overline{X}^t||_{\underline{\underline{M}}^1(\underline{\underline{G}},P)} \qquad \text{(Corollaire (1,10))}$$

$$\leq 3\,\Delta_1\, E\left[[X,X]_t^{\frac{1}{2}}\right] \qquad \text{(Corollaire (1,8)).}$$

Ces quelques propriétés de $\psi_{t,\cdot}$ impliquent une première condition de validité de $\underline{\underline{H}}'$ dans un grossissement initial :

<u>Proposition (3,16)</u> : <u>soit</u> $\underline{\underline{E}}$ <u>une sous tribu séparable de</u> $\underline{\underline{A}}$; <u>pour tout</u> $t \geq 0$, <u>soit</u> :

$$\Gamma_t(\underline{\underline{E}}) = \{ \sum_{i\in I} 1_{A_i} \int_{0+}^t \frac{1}{{}^{A_i}Z_{s-}} |d\langle X, {}^{A_i}Z\rangle_s|,\ (A_i)_{i\in I} \text{ partition finie}$$

$$\underline{\underline{E}}\text{-mesurable de } \Omega,\ X\in \underline{\underline{M}}^1(\underline{\underline{F}},P),\ ||X||_{\underline{\underline{M}}^1(\underline{\underline{F}},P)} \leq 1\} ;$$

$\underline{\underline{H}}'$ <u>est vérifiée par la filtration</u> $\underline{\underline{F}}^{\underline{\underline{E}}}$ <u>si et seulement si, pour tout</u> t, <u>l'ensemble</u> $\Gamma_t(\underline{\underline{E}})$ <u>est borné dans</u> $L^0(\Omega)$.

<u>Démonstration</u> : d'après le théorème (3,2), $\Gamma_t(\underline{\underline{E}})$ est aussi égal à :

$$\{\int_0^t |d^{\underline{\underline{B}}} X_s|,\ \underline{\underline{B}} \text{ sous tribu finie de } \underline{\underline{E}},\ X\in \underline{\underline{M}}^1(\underline{\underline{F}},P),\ ||X||_{\underline{\underline{M}}^1(\underline{\underline{F}},P)} \leq 1\}.$$

Supposons $\Gamma_t(\underline{\underline{E}})$ borné dans $L^0(\Omega)$; soit $X\in \underline{\underline{M}}^1(\underline{\underline{F}},P)$; on a, d'après le lemme (3,15) :

$$\psi_{t,\underline{\underline{F}}^{\underline{\underline{E}}}}(X) = \sup_{\underline{\underline{B}} \text{ sous tribu finie de } \underline{\underline{E}}} \psi_{t,\underline{\underline{F}}^{\underline{\underline{B}}}}(X)$$

$$\leq 3\,\Delta_1\, ||X||_{\underline{\underline{M}}^1(\underline{\underline{F}},P)} + \sup_{h\in\Gamma_t(\underline{\underline{E}})} E[\inf(1,\, h\, ||X||_{\underline{\underline{M}}^1(\underline{\underline{F}},P)})] ;$$

la remarque suivant le lemme (2,10) assure alors la validité de $\underline{\underline{H}}'$ par la filtration $\underline{\underline{F}}^{\underline{\underline{E}}}$.

Réciproquement, supposons $\underline{\underline{H}}'$ vérifiée par $\underline{\underline{F}}^{\underline{\underline{E}}}$; soit $X \in \underline{\underline{M}}^1(\underline{\underline{F}},P)$, $X = \overline{X} + X$ sa $(\underline{\underline{F}}^{\underline{\underline{E}}},P)$-décomposition canonique ; soit $\underline{\underline{B}}$ une sous tribu finie de $\underline{\underline{E}}$; d'après le lemme (3,15), on a la chaine d'inégalités suivante :

$$E\left[\inf(1, \int_0^t |d^{\underline{\underline{B}}} X_s|)\right] \leq 3\Delta_1 \,||X||_{\underline{\underline{M}}^1(\underline{\underline{F}},P)} + \psi_{t,\underline{\underline{F}}^{\underline{\underline{B}}}}(X)$$

$$\leq 3\,\Delta_1 \,||X||_{\underline{\underline{M}}^1(\underline{\underline{F}},P)} + \psi_{t,\underline{\underline{F}}^{\underline{\underline{E}}}}(X)$$

$$\leq 6\,\Delta_1 \,||X||_{\underline{\underline{M}}^1(\underline{\underline{F}},P)} + E\left[\inf(1, \int_0^t |dX_s|)\right].$$

Pour u réel positif, $\sup_{h\in\Gamma_t(\underline{\underline{E}})} E[\inf(1,uh)]$ est donc majoré par $6\,\Delta_1\, u + \sup_{||X||_{\underline{\underline{M}}^1(\underline{\underline{F}},P)} \leq u} ||X^t||_V$, et tend donc vers 0 avec u (proposition (2,2)). $\Gamma_t(\underline{\underline{E}})$ est bien borné dans $L^0(\Omega)$.

D'après le théorème (2,6) et le corollaire (2,8), une autre condition nécessaire et suffisante pour que la filtration $\underline{\underline{F}}^{\underline{\underline{E}}}$ vérifie $\underline{\underline{H}}'$ est qu'il existe une probabilité $Q = \tilde{q}\cdot P$, à densité bornée, vérifiant l'une des propriétés suivantes :

(3,17) <u>pour tout</u> X <u>de</u> $\underline{\underline{M}}^r(\underline{\underline{F}},P)$, <u>pour tout</u> $t \geq 0$, X^t <u>appartient à</u> $\underline{\underline{H}}^1(\underline{\underline{F}}^{\underline{\underline{E}}},Q)$ (r <u>fixé,</u> $r > 1$) ;

(3,18) <u>tout élément de</u> $\underline{\underline{S}}_{sp}(\underline{\underline{F}},P)$ <u>se localise dans</u> $\underline{\underline{H}}^1(\underline{\underline{F}}^{\underline{\underline{E}}},Q)$ <u>à l'aide d'une suite de</u> $\underline{\underline{F}}$<u>-temps d'arrêt</u>.

Nous allons donner des conditions plus maniables équivalentes à (3,17) (respectivement à (3,18)).

Quitte à arrêter tous les processus à l'instant t (fixé), nous pouvons modifier (3,17) en (3,17') : $\underline{\underline{M}}^r(\underline{\underline{F}},P) \subset \underline{\underline{H}}^1(\underline{\underline{F}}^{\underline{\underline{E}}},Q)$ $(r > 1)$.

Or, d'après le théorème de la borne uniforme, le corollaire (1,8) et la formule (1,15), demander l'inclusion de $\underline{\underline{M}}^r(\underline{\underline{F}},P)$ dans $\underline{\underline{H}}^1(\underline{\underline{F}}^{\underline{\underline{E}}},Q)$ $(r \geq 1)$, c'est demander l'existence d'une constante finie C telle que :

$$V_Q(X,\underline{\underline{F}}^{\underline{\underline{E}}}) \leq C\, ||X||_{\underline{\underline{M}}^r(\underline{\underline{F}},P)},$$

ou encore telle que :

$$\sup_{\substack{\underline{\underline{B}}\subset\underline{\underline{E}}\\ \underline{\underline{B}}\text{ finie}}} V_Q(X,\underline{\underline{F}}^{\underline{\underline{B}}}) \leq C \,||X||_{\underline{\underline{M}}^r(\underline{\underline{F}},P)} .$$

Si $\underline{\underline{B}}$ est la sous tribu finie de $\underline{\underline{E}}$ engendrée par la partition finie $(A_i)_{i\in I}$ de Ω,

$$V_Q(X,\underline{\underline{F}}^{\underline{\underline{B}}}) = \sum_{i\in I} E_P\Big[\int_{0+}^{\infty} |d\langle X, {}^{A_i}Z(\tilde{q})\rangle_s|\Big] \qquad \text{(Remarque (3,4-2))}.$$

Pour A mesurable et X dans $\underline{\underline{M}}^1(\underline{\underline{F}},P)$,

$$E_P\Big[\int_{0+}^{\infty} |d\langle X, {}^{A}Z(\tilde{q})\rangle_s|\Big] = \sup_{J\in \underline{\underline{J}}_0^e(\underline{\underline{F}})} E_P\Big[\int_0^{\infty} J_s \, d\langle X, {}^{A}Z(\tilde{q})\rangle_s\Big]$$

$$= \sup_{J\in \underline{\underline{J}}_0^e(\underline{\underline{F}})} E_P\Big[[X,\ J\cdot{}^{A}Z(\tilde{q})]_\infty\Big] \ ;$$

on a donc :

$$V_Q(X,\underline{\underline{F}}^{\underline{\underline{B}}}) = \sup_{{}^iJ\in \underline{\underline{J}}_0^e(\underline{\underline{F}}),\, i\in I} E_P\Big[\Big[X,\ \sum_{i\in I} {}^iJ\cdot{}^{A_i}Z(\tilde{q})\Big]_\infty\Big],$$

ce qui nous amène à introduire <u>l'ensemble</u> $\underline{\underline{N}}(\tilde{q},\underline{\underline{E}})$ <u>des martingales de la forme</u> $\sum_{i\in I} {}^iJ\cdot{}^{A_i}Z(\tilde{q})$ $({}^iJ\in \underline{\underline{J}}_0^e(\underline{\underline{F}}),\ (A_i)_{i\in I}$ <u>partition finie</u> $\underline{\underline{E}}$<u>-mesurable de</u> $\Omega)$.

Le dual de $\underline{\underline{M}}^r(\underline{\underline{F}},P)$ $(r > 1)$ étant $\underline{\underline{M}}^{r'}(\underline{\underline{F}},P)$ (r' conjugué de r), celui de $\underline{\underline{M}}^1(\underline{\underline{F}},P)$ étant $\underline{\underline{BMO}}(\underline{\underline{F}},P)$, on a donc :

<u>Proposition (3,19)</u> : $\underline{\underline{M}}^r(\underline{\underline{F}},P)$ $(r \geq 1)$ <u>se plonge dans</u> $\underline{\underline{H}}^1(\underline{\underline{F}},Q)$ <u>si et seulement si</u> $\underline{\underline{N}}(\tilde{q},\underline{\underline{E}})$ <u>est borné dans</u> $\underline{\underline{M}}^{r'}(\underline{\underline{F}},P)$ <u>si</u> $r > 1$ <u>et</u> $\frac{1}{r} + \frac{1}{r'} = 1$, <u>et dans</u> $\underline{\underline{BMO}}(\underline{\underline{F}},P)$ <u>si</u> $r = 1$.

(La proposition est à rapprocher de [61]).

Nous consacrons la fin de ce paragraphe à transformer la condition (3,18) et à démontrer :

<u>Proposition (3,20)</u> : <u>la condition</u> (3,18) <u>est équivalente à</u> :

(3,18') <u>pour tout</u> t, $\{[N,N]_t,\ N\in\underline{\underline{N}}(\tilde{q},\underline{\underline{E}})\}$ <u>est borné dans</u> $L^0(\Omega)$.

<u>En outre, dans</u> (3,18') <u>on peut remplacer</u> $[N,N]$ <u>par</u> $\langle N,N\rangle$, N <u>ou</u> N^*.

Remarquons d'abord que si $N = \sum_{i\in I} {}^{i}J \cdot {}^{A_i}Z(\tilde{q})$ appartient à $\underline{\underline{N}}(\tilde{q},\underline{\underline{E}})$, $|\Delta N|$ est majoré par $\sum_{i\in I} {}^{A_i}Z(\tilde{q}) + {}^{A_i}Z_-(\tilde{q}) = q + q_-$, et donc par $2\,||\tilde{q}||_\infty$; en outre si N appartient à $\underline{\underline{N}}(\tilde{q},\underline{\underline{E}})$ et J à $\underline{\underline{J}}^e(\underline{\underline{F}})$, $J\cdot N$ appartient encore à $\underline{\underline{N}}(\tilde{q},\underline{\underline{E}})$.

Soit $t \geq 0$ fixé. Le fait que les quatre ensembles

$\{[N,N]_t, N\in\underline{\underline{N}}(\tilde{q},\underline{\underline{E}})\}$, $\{\langle N,N\rangle_t, N\in\underline{\underline{N}}(\tilde{q},\underline{\underline{E}})\}$, $\{|N_t|, N\in\underline{\underline{N}}(\tilde{q},\underline{\underline{E}})\}$ et $\{N_t^*, N\in\underline{\underline{N}}(\tilde{q},\underline{\underline{E}})\}$

soient simultanément bornés ou non dans $L^0(\Omega)$ résulte alors du lemme suivant (cf. Emery [15], Mémin [37] et Lenglart [30]) :

<u>Lemme (3,21)</u> : <u>soit</u> X <u>un processus continu à droite, limité à gauche, adapté à la filtration</u> $\underline{\underline{F}}$.

i) <u>Soit</u> $\psi^*_{t,\underline{\underline{F}}}(X) = \sup_{J\in\underline{\underline{J}}^e(\underline{\underline{F}})} E[\inf(1, (J\cdot X)^*_t)]$; <u>alors</u> :

$$\tfrac{1}{2}(\psi^*_{t,\underline{\underline{F}}}(X))^2 \leq \psi_{t,\underline{\underline{F}}}(X) \leq \psi^*_{t,\underline{\underline{F}}}(X).$$

ii) <u>Supposons que</u> X <u>soit une</u> $(\underline{\underline{F}},P)$-<u>martingale à sauts bornés par</u> δ ; <u>alors</u>

$$E[\inf(1, [X,X]_t)] \leq \delta^2 + 2\,E[\inf(1, X_t^{*2})]$$

<u>et</u>

$$E[\inf(1, X_t^{*2})] \leq 4(\delta^2 + 2\,E[\inf(1, [X,X]_t)]) ;$$

<u>on peut en outre remplacer</u> $[X,X]$ <u>par</u> $\langle X,X\rangle$ <u>dans les inégalités précédentes</u>.

<u>Démonstration</u> : i) Soit $(Z_i)_{0\leq i\leq n}$ une suite de variables aléatoires adaptées à une suite croissante $(\underline{\underline{H}}_i)_{0\leq i\leq n}$ de tribus. Le lemme maximal nous dit que, avec $\underline{\underline{T}}$ ensemble des $\underline{\underline{H}}$-temps d'arrêt bornés par n et $Z^* = \sup_{0\leq i\leq n} Z_i$,

$$\lambda P[Z^* \geq \lambda] \leq \sup_{T\in\underline{\underline{T}}} E[|Z_T|] \text{ ; on a donc :}$$

$$(E[\inf(1, Z^*)])^2 \leq E[\inf(1, Z^{*2})] = \int_0^1 P[Z^* \geq u^{\frac{1}{2}}]du$$

$$\leq (\int_0^1 u^{-\frac{1}{2}}du) \sup_{T\in\underline{\underline{T}}} E[\inf(1, |Z_T|)].$$

Or $Z_T = 1_{[\![0,T]\!]}\cdot Z$ et $1_{[\![0,T]\!]}$ est prévisible élémentaire. Par discrétisation on obtient donc :

$$(E[\inf(1, X_t^*)])^2 \leq 2 \sup_{J\in\underline{\underline{J}}^e(\underline{\underline{F}})} E[\inf(1, |(J\cdot X)_t|)],$$

d'où le résultat en remplaçant X par $H\cdot X$ avec H dans $\underline{\underline{J}}^e(\underline{\underline{F}})$.

ii) On peut supposer X dans $\underline{\underline{M}}^2(\underline{\underline{F}},P)$; pour tout $\underline{\underline{F}}$-temps d'arrêt S on a : $E[\langle X,X\rangle_S] = E[[X,X]_S] \leq E[X_S^{*2}] \leq 4\,E[[X,X]_S] = 4\,E[\langle X,X\rangle_S]$;

$\Delta\langle X,X\rangle$, $\Delta[X,X]$ et ΔX^{*2} sont bornés par δ^2. Or si A et B sont deux processus croissants $\underline{\underline{F}}$-adaptés, à sauts bornés par δ^2 et si $E[A_S] \leq E[B_S]$ pour tout $\underline{\underline{F}}$-temps-d'arrêt S, $E[\inf(1,A_\infty)]$ est majoré par $\delta^2 + 2\,E[\inf(1,B_\infty)]$: soit en effet $S = \inf(t, B_t \geq 1)$; $\inf(1,A_\infty) \leq A_S + 1_{\{S<+\infty\}} \leq A_S + \inf(1,B_\infty)$ et $B_S \leq \delta^2 + \inf(1,B_\infty)$, d'où :

$$E[\inf(1,A_\infty)] \leq E[A_S] + E[\inf(1,B_\infty)] \leq E[B_S] + E[\inf(1,B_\infty)] \leq \delta^2 + 2\,E[\inf(1,B_\infty)].$$

Etablissons un résultat intermédiaire : (3,18) <u>est équivalente à</u> :

(3,18-α) $\{\langle X,N\rangle_t,\ N\in\underline{\underline{N}}(\tilde{q},\underline{\underline{E}}),\ X\in\underline{\underline{M}}^1(\underline{\underline{F}},P),\ \|X\|_{M^1(\underline{\underline{F}},P)} \leq 1\}$ <u>est borné dans</u> $L^0(\Omega)$ <u>pour tout</u> t.

Supposons en effet (3,18) vérifiée et soit X une $(\underline{\underline{F}},P)$-martingale locale, se localisant dans $\underline{\underline{H}}^1(\underline{\underline{F}}^{\underline{\underline{E}}},Q)$ à l'aide d'une suite $(T_n)_{n\geq 1}$ de $\underline{\underline{F}}$-temps d'arrêt ; notons $X = \bar{X} + \chi$ sa $(\underline{\underline{F}}^{\underline{\underline{E}}},Q)$-décomposition canonique on a : $\sup_n T_n = +\infty$ et pour tout n :

$$+\infty > E_Q\left[\int_0^{T_n} |d\chi_s|\right] = \sup\{E[\langle X,N\rangle_{T_n}],\ N\in\underline{\underline{N}}(\tilde{q},\underline{\underline{E}})\}\ ;$$

soient $(a_n)_{n\geq 1}$ des réels strictement positifs tels que $\sum_{n\geq 1} a_n$ et $\sum_{n\geq 1} a_n\, E_Q\left[\int_0^{T_n} |d\chi_s|\right]$ soient finis ; si H est le processus $\underline{\underline{F}}$-prévisible décroissant et strictement positif $H = \sum_{n\geq 1} a_n\, 1_{[\![0,T_n]\!]}$, on a alors :

$$\sup\{E\left[\int_0^\infty H_s\,|d\langle X,N\rangle_s|\right],\ N\in\underline{\underline{N}}(\tilde{q},\underline{\underline{E}})\} < +\infty,$$

si bien que $\{\langle X,N\rangle_t,\ N\in\underline{\underline{N}}(\tilde{q},\underline{\underline{E}})\}$ est borné dans $L^0(\Omega)$ pour tout t.

Soit $t \geq 0$ fixé ; pour tout $N\in\underline{\underline{N}}(\tilde{q},\underline{\underline{E}})$, l'application $X \to \langle X,N\rangle_t$ est continue de $\underline{\underline{M}}^1(\underline{\underline{F}},P)$ dans $L^0(\Omega)$; la propriété de Baire donne (3,18-α).

Réciproquement, supposons (3,18-α) vérifiée et soient $(\underline{\underline{B}}_n)_{n\geq 1}$ une suite croissante de sous tribus finies de $\underline{\underline{E}}$, telles que $\bigvee_n \underline{\underline{B}}_n$ soit égale à $\underline{\underline{E}}$, et $X\in\underline{\underline{M}}^1(\underline{\underline{F}},P)$; la suite $(A_\bullet(\tilde{q},\underline{\underline{B}}_n,X))_n$ (cf. remarque (3,4-2)) est croissante et pour tous réels u et t > 0, on a :

$$E\left[\inf(1,u \sup_n A_t(\tilde{q},\underline{\underline{B}}_n,X))\right] = \sup_n E\left[\inf(1,u\, A_t(\tilde{q},\underline{\underline{B}}_n,X))\right]$$

$$\leq \sup_{N\in\underline{\underline{N}}(\tilde{q},\underline{\underline{E}})} E\left[\inf(1,u|\langle X,N\rangle_t|)\right].$$

Le processus croissant $\sup_n A_\bullet(\tilde{q},\underline{\underline{B}}_n,X)$ est alors fini, prévisible, donc localement intégrable. Or pour tout $\underline{\underline{F}}$-temps d'arrêt T :

$$E\left[\sup_n A_T(\tilde{q},\underline{\underline{B}}_n,X)\right] = \sup_n E\left[A_T(\tilde{q},\underline{\underline{B}}_n,X)\right] = \sup_n V_Q(X^T,\underline{\underline{F}}^{\underline{\underline{B}}_n}) \quad \text{(remarque (3,4))}$$

$$= V_Q(X^T,\underline{\underline{F}}^{\underline{\underline{E}}}) \qquad \text{(lemme (3,7))}$$

On en déduit immédiatement (3,18).

Les éléments de $\underline{\underline{N}}(\tilde{q},\underline{\underline{E}})$ ont leurs sauts uniformément bornés par $2||\tilde{q}||_\infty$; l'ensemble $\{\langle X,N\rangle - [X,N]\ ;\ N\in\underline{\underline{N}}(\tilde{q},\underline{\underline{E}}),\ X\in\underline{\underline{M}}^1(\underline{\underline{F}},P),\ ||X||_{\underline{\underline{M}}^1(\underline{\underline{F}},P)} \leq 1\}$ est donc borné dans $\underline{\underline{M}}^1(\underline{\underline{F}},P)$; (3,18-α) <u>est</u> par conséquent <u>équivalente à</u>

(3,18-β) $\{[X,N]_t,\ N\in\underline{\underline{N}}(\tilde{q},\underline{\underline{E}}),\ X\in\underline{\underline{M}}^1(\underline{\underline{F}},P),\ ||X||_{M^1(\underline{\underline{F}},P)} \leq 1\}$ <u>est borné dans</u> $L^0(\Omega)$ <u>pour tout</u> t.

L'inégalité de Kunita-Watanabe suffit maintenant pour montrer que (3,18') implique (3,18) ! Supposons donc (3,18) vérifiée ; soit $X\in\underline{\underline{M}}^1(\underline{\underline{F}},P)$ $X = \bar{X} + \chi$ sa $(\underline{\underline{F}}^{\underline{\underline{E}}},Q)$-décomposition canonique et $B_\bullet(X) = q_-\left(\int_0^\bullet |d\chi_s|\right)^{p-Q/\underline{\underline{F}}}$.

Pour tout t, $X \to B_t(X)$ définit un opérateur superlinéaire borné de $\underline{\underline{M}}^1(\underline{\underline{F}},P)$ (ou $\underline{\underline{M}}^r(\underline{\underline{F}},P)$, r > 1) dans $L^0(\Omega,\underline{\underline{A}},P)$; on a en effet :

- $\int_0^t |d\langle X,N\rangle_s| \leq B_t(X)$ pour tout N de $\underline{\underline{N}}(\tilde{q},\underline{\underline{E}})$;
- $\sup_{N\in\underline{\underline{N}}(\tilde{q},\underline{\underline{E}})} E\left[\inf(1,|\langle X,N\rangle_t|)\right] = E\left[\inf(1,B_t(X))\right]$;
- $B_t(uX) = |u|\ B_t(X)$ pour tout réel u ;

- pour $Y \in \underline{\underline{M}}^1(\underline{\underline{F}},P)$, de $(\underline{\underline{F}}^{\underline{\underline{E}}},Q)$-décomposition canonique $Y = \bar{Y} + \eta$, soit H une densité $\underline{\underline{F}}^{\underline{\underline{E}}}$-prévisible de $\int_0^{\cdot} |d\eta_s|$ par rapport à η ; l'application $\phi_Y : X \to \left[q_- \left(\int_0^{\cdot} H_s\, d\chi_s\right)^{p-Q/\underline{\underline{F}}}\right]_t$ vérifie : $\phi_Y(Y) = B_t(Y)$, $|\phi_Y(X)| \leq B_t(X)$ pour $X \in \underline{\underline{M}}^1(\underline{\underline{F}},P)$

D'après le théorème de Nikishin (théorème (2,5)) il existe une variable aléatoire h_∞ strictement positive, bornée, $\underline{\underline{F}}_\infty$-mesurable, telle que :

$$E\left[h_\infty\, B_t(X)\right] \leq ||X||_{\underline{\underline{M}}^2(\underline{\underline{F}},P)} .$$

Notons $h_t = E\left[h_\infty | \underline{\underline{F}}_t\right]$; pour tout N de $\underline{\underline{N}}(\tilde{q},\underline{\underline{E}})$, on a :

$$E\left[\int_0^t |d\langle X, h_-\cdot N\rangle_s|\right] = E\left[\int_0^t h_{s-}\, |d\langle X,N\rangle_s|\right]$$

$$= E\left[h_\infty \int_0^t |d\langle X,N\rangle_s|\right] \leq E\left[h_\infty\, B_t(X)\right] \leq ||X||_{\underline{\underline{M}}^2(\underline{\underline{F}},P)} :$$

d'où

$$\sup_{N \in \underline{\underline{N}}(\tilde{q},\underline{\underline{E}})} E\left[\int_0^t h_{s-}^2\, d[N,N]_s\right] \leq 1 ;$$

h_∞ étant strictement positive, il en est de même de $k_t = \inf_{s \leq t} h_s$; (3,18') découle alors de l'inégalité $E\left[k_t^2 [N,N]_t\right] \leq 1$, valable pour tout N de $\underline{\underline{N}}(\tilde{q},\underline{\underline{E}})$.

III-3. Exemples.

Commençons par démontrer un résultat de projection qui nous sera très utile dans les exemples traités.

Lemme (3,22) : soient A un processus croissant prévisible, nul en 0 et R un processus mesurable positif. On suppose qu'il existe une probabilité μ sur $\mathbb{R}_+$ telle que $\mu[\{0\}] = 0$, $\int x\, \mu(dx) = 1$ et ${}^p(f(R)) = \int f(x)\, \mu(dx)$ pour toute fonction borélienne bornée f.
Alors les ensembles $\{A_\infty < +\infty\}$ et $\{\int_0^\infty R_s\, dA_s < +\infty\}$ sont P-p.s. égaux.

Démonstration : si B est un processus croissant, on a toujours l'inclusion $\{B_\infty^p < +\infty\} \subset \{B_\infty < +\infty\}$; si T_n désigne en effet le temps d'arrêt prévisible $T_n = \inf(t, B_t^p \geq n)$, on a : $n \geq E\left[B_{T_n -}^p\right] = E\left[B_{T_n -}\right]$;
B_∞ est donc fini sur $\bigcup_n \{T_n = +\infty\} = \{B_\infty^p < +\infty\}$. Ici $(R\cdot A)^p = A$.

Pour établir l'inclusion inverse, désignons par J l'indicatrice d'un évènement, par J_t la martingale $E[J|\underline{\underline{F}}_t]$ et par j la variable (strictement positive sur $\{J = 1\}$), $j = \inf_t J_t$. Evaluons pour un temps d'arrêt prévisible T l'espérance conditionnelle $E[J\, R_T|\underline{\underline{F}}_{T-}]$. On a :

$$E[J\, R_T|\underline{\underline{F}}_{T-}] = \int_0^\infty du \quad E[J\, 1_{\{R_T > u\}}|\underline{\underline{F}}_{T-}] \ ;$$

$$E[J\, 1_{\{R_T > u\}}|\underline{\underline{F}}_{T-}] = E[(J - 1_{\{R_T \leq u\}})^+|\underline{\underline{F}}_{T-}]$$

$$\geq (E[J - 1_{\{R_T \leq u\}}|\underline{\underline{F}}_{T-}])^+ = (J_{T-} - \mu[[0,u]])^+.$$

Intégrant en u, on trouve : $E[J\, R_T|\underline{\underline{F}}_{T-}] \geq \Phi(J_{T-})$ où

$\Phi(x) = \int_0^\infty (x - \mu[[0,u]])^+ du$ est une fonction croissante et continue sur $[0,1]$;

$\Phi(1) = \int x\, \mu(dx) = 1$; de plus μ ne chargeant pas $\{0\}$, Φ est strictement positive sur $]0,1]$.

Si l'indicatrice J est telle que $E[J\int_0^\infty R_s\, dA_s]$ soit fini, la projection duale prévisible de $\int_0^\cdot J\, R_s\, dA_s$ majore $\int_0^\cdot \Phi(J_{s-})dA_s$ et on a donc $\int_0^\infty \Phi(J_{s-})dA_s < +\infty$ p.s., d'où $\Phi(j)\, A_\infty < +\infty$ p.s. et $A_\infty < +\infty$ sur $\{J = 1\}$.

Pour obtenir le lemme il ne reste plus qu'à appliquer tout cela en prenant pour J l'indicatrice de $\{\int_0^\infty R_s\, dA_s \leq n\}$ et à faire tendre n vers $+\infty$.

Les exemples que nous donnons maintenant sont construits à partir du mouvement brownien ; dans tout ce paragraphe, X désigne un $(\underline{\underline{F}},P)$-mouvement brownien, i.e. une $(\underline{\underline{F}},P)$-martingale continue, de processus croissant $[X,X]_t = t$, nul en 0.

S est le processus des maximums locaux : $S_t = \sup_{s<t} X_s$ et pour z réel, T_z est le temps de passage de X en z : $T_z = \inf(t > 0, X_t = z)$.

Pour $b > 0$, on a :

$$P[T_z > b] = f(z,b) = |z| \int_b^\infty (2\pi r^3)^{-\frac{1}{2}} \exp -\frac{z^2}{2r}\, dr$$

$$= \sqrt{\frac{2}{\pi}} \int_0^{\frac{|z|}{\sqrt{b}}} \exp -\frac{u^2}{2}\, du$$

(cf. Ito-Mc Kean [22]).

III-3-a) Adjonction de X_1.

Cet exemple est le premier "faux-ami" étudié avec Yor ([26]) (en utilisant toutefois des méthodes différentes).

Théorème (3,23) : soit $\underline{\underline{G}}$ la filtration $\underline{\underline{F}}^{\sigma(X_1)}$.

i) X appartient à $\underline{\underline{H}}^1(\underline{\underline{G}})$ et $X_t = \bar{X}_t + \int_0^{t\wedge 1} \frac{X_1 - X_s}{1-s}\, ds$ où $\bar{X}$ est un $\underline{\underline{G}}$-mouvement brownien.

ii) Soit M une $\underline{\underline{F}}$-martingale locale ; M est une $\underline{\underline{G}}$-semi-martingale si et seulement si $\int_0^1 (1-s)^{-\frac{1}{2}} |d[M,X]_s|$ est fini, auquel cas

$M_t - \int_0^{t\wedge 1} \frac{X_1 - X_s}{1-s}\, d[M,X]_s$ appartient à $\underline{\underline{L}}(\underline{\underline{G}})$.

iii) Soit α réel, $\frac{1}{2} < \alpha < 1$, et $H_s = (1-s)^{-\frac{1}{2}} (-\mathrm{Log}(1-s))^{-\alpha}\, 1_{\{\frac{1}{2}<s<1\}}$;

$H\cdot X$ appartient à $\underline{\underline{M}}^2(\underline{\underline{F}})$, mais $H\cdot X$ n'est pas une $\underline{\underline{G}}$-semi-martingale ; $\underline{\underline{H}}'$ n'est donc pas vérifiée.

Démonstration : i) montrons que $V(X,\underline{\underline{G}})$ est fini ; $V(X,\underline{\underline{G}}) = V(X,\underline{\underline{C}}^{\sigma(X_1)})$ et pour tous t, $t+h \leq 1$, $E[X_{t+h}-X_t|\underline{\underline{C}}_t^{\sigma(X_1)}] = E[X_{t+h}-X_t|\underline{\underline{C}}_t^{\sigma(X_1-X_t)}]$

$$= E[X_{t+h}-X_t|X_1-X_t] = \frac{h}{1-t}(X_1 - X_t).$$

Par suite : $V(X,\underline{\underline{G}}) = \int_0^1 \frac{E[|X_1 - X_t|]}{1-t}\, dt = E[|X_1|] \int_0^1 (1-t)^{-\frac{1}{2}}\, dt.$

$X = \bar{X} + \chi$ où $\bar{X}$ appartient à $\underline{\underline{L}}^c(\underline{\underline{G}})$, χ est $\underline{\underline{G}}$-adapté, continu, à variation intégrable ; $[\bar{X},\bar{X}]_t = [X,X]_t = t$; $\bar{X}$ est donc un $\underline{\underline{G}}$-mouvement brownien.

Le théorème des Laplaciens approchés donne alors :

$$\chi_t = \lim_{h\to 0} \frac{1}{h} \int_0^t E[X_{s+h}-X_s|\underline{\underline{G}}_s]ds = \int_0^t \frac{X_1 - X_s}{1-s}\, ds.$$

ii) Les martingales $E[f(X_1)|\underline{\underline{F}}_t]$ (f borélienne bornée) appartiennent à l'espace stable engendré par X. Si M est orthogonale à X, M appartient donc à $\underline{\underline{L}}(\underline{\underline{G}})$; on peut donc supposer $M = H\cdot X$ où H est un processus $\underline{\underline{F}}$-prévisible tel que $\int_0^t H_s^2\, ds$ soit fini.

D'après la proposition (2,1), M est une $\underline{\underline{G}}$-semi-martingale si et seulement si

$\int_0^1 |H_s| \frac{|X_1 - X_s|}{1-s} ds$ est fini, soit, d'après le lemme (3,22) avec

$A_t = \int_0^t \frac{|H_s|}{\sqrt{1-s}} ds$, $R_t = 1_{\{t<1\}} \frac{|X_1 - X_t|}{\sqrt{1-t}}$ et μ la loi de $|X_1|$, si et seulement

si : $\int_0^1 \frac{|H_s|}{(1-s)^{\frac{1}{2}}} ds$ est fini, auquel cas la décomposition donnée résulte de la

proposition (2,1).

$$\text{iii)} \quad \int_0^1 H_s^2 \, ds \text{ est fini,} \quad \int_0^1 H_s (1-s)^{-\frac{1}{2}} ds \text{ est infini.}$$

III-3-b) Un contre-exemple.

A l'aide de III-3-a), nous allons montrer le résultat suivant :

<u>il existe une sous tribu atomique $\underline{\underline{E}}$ de $\underline{\underline{A}}$ telle que, si $\overset{\underline{\underline{E}}}{}\chi$ est la partie à variation finie $\underline{\underline{F}}^{\underline{\underline{E}}}$-prévisible de X, on ait : $E\left[\int_0^T |d^{\underline{\underline{E}}} X_s|\right] = +\infty$ pour tout $\underline{\underline{F}}$-temps d'arrêt T tel que $P[T > 0] > 0$ (i.e. X ne peut pas être localisé dans $\underline{\underline{H}}^1(\underline{\underline{F}}^{\underline{\underline{E}}}, P)$ à l'aide d'une suite de $\underline{\underline{F}}$-temps d'arrêt.</u>

1) Soient u et v deux réels, $0 \leq u < v$; il résulte de a) que X est une $\underline{\underline{F}}^{\sigma(X_v)}$-quasi-martingale, de décomposition canonique : $X_t = \overline{X}_t + \int_0^{t\wedge v} \frac{X_v - X_s}{v-s} ds$,

où $\overline{X}$ est un $\underline{\underline{F}}^{\sigma(X_v)}$-mouvement brownien.

Si $t \geq u$, $\underline{\underline{F}}_t^{\sigma(X_v)} = \underline{\underline{F}}_t^{\sigma(X_v - X_u)}$; $1_{]\!]u,v]\!]} \cdot X$ est donc une $\underline{\underline{F}}^{\sigma(X_v - X_u)}$-quasi-martingale, dont la partie à variation finie prévisible est

$$\int_0^{t\wedge v} 1_{\{u<s\}} \frac{X_v - X_s}{v-s} ds.$$

Soit $L = X_v - X_u$; appliquons les résultats de III-2-b) à X de $\underline{\underline{F}}^{\sigma(L^\delta)}$-décomposition canonique $^{\sigma(L^\delta)}\overline{X} + {}^{\sigma(L^\delta)}\chi$, avec ${}^{\sigma(L^\delta)}\chi = \int_0^{\cdot} U_s^\delta \, ds$; avec

$\delta_r(k) = k2^{-r}$ $(k \in \mathbb{Z})$, $1_{\{u<s<v\}} U_s^{\delta_r}$ converge vers $1_{\{u<s<v\}} \dfrac{X_v - X_s}{v - s}$ dans $L^1(dsdP)$ quand r tend vers $+\infty$; par suite : $\int_u^v {}^p|U^{\delta_r}|_s\, ds$ converge dans $L^1(P)$ vers

$${}^p\left|\frac{X_v - X_s}{v - s}\right| ds = 2\, c(v-u)^{\frac{1}{2}} \quad \text{où} \quad c = E\big[|X_1|\big].$$

En particulier, pour tout $\varepsilon > 0$, il existe un entier $N(\varepsilon,u,v)$ tel que pour $n \geq N(\varepsilon,u,v)$ on ait :

$$P\Big[\int_u^v |d^{\sigma(L^{\delta_n})}X|_s^p > c\,(v-u)^{\frac{1}{2}}\Big] \geq 1-\varepsilon.$$

2) Donnons nous maintenant une suite $(t_n)_{n\geq 1}$ décroissant strictement vers 0, avec $t_1 = 1$ et une suite $(I_n)_{n\geq 1}$ de boréliens de $\mathbb{R}$ tels que, avec $\alpha_n = P[X_1 \in I_n]$, la série $\Sigma\alpha_n$ soit divergente ; notons $A_n = \{X_{n+1} - X_n \in I_n\}$ $(n \geq 1)$ et définissons la partition $(D_n)_{n\geq 1}$ par $D_1 = A_1$, $D_n = A_n \cap (\bigcup_{i=1}^{n-1} A_i)^c$

$(P[\bigcup_n D_n] = \lim_n 1 - \prod_{i\geq 1} (1 - \alpha_i) = 1$ puisque $\Sigma\alpha_n = +\infty)$.

D'après 1), il existe pour tout $i \geq 1$ une sous tribu atomique $\underline{\underline{E}}_i$ de $\sigma(X_{t_i} - X_{t_{i+1}})$ telle que, avec $O_i = \{\int_{t_{i+1}}^{t_i} |d^{\underline{\underline{E}}_i}X|_s^p > c(t_i - t_{i+1})^{\frac{1}{2}}\}$, on ait : $P[O_i] > 1 - 2^{-i}$.

Soit enfin $\underline{\underline{E}}$ la tribu engendrée par $\{D_n \cap B_n\ ;\ B_n \in \bigvee_{i\leq n-1} \underline{\underline{E}}_i\ ;\ n \geq 2\}$ $\underline{\underline{E}}$ est une tribu atomique.

Les ensembles D_n sont indépendants de $\underline{\underline{F}}_1$; de plus, pour $j \neq 1$, $X_{t_j} - X_{t_{j+1}}$ est indépendant de $1_{]\!]t_{i+1},t_i]\!]} \cdot X$; on a alors : $X^{(1)} = M + W$ où M est un $\underline{\underline{F}}^{\underline{\underline{E}}}$-mouvement brownien (arrêté en 1) et W le processus à variation finie continu :

$$W = \sum_{n\geq 2} 1_{D_n} \sum_{i=1}^{n-1} \int_0^t 1_{\{t_{i+1} < s \leq t_i\}}\, d^{\underline{\underline{E}}_i}X_s.$$

On a : $\int_0^t |dW_s| = \sum_{n\geq 2} 1_{D_n} \sum_{i=1}^{n-1} \int_0^t 1_{\{t_{i+1}<s\leq t_i\}} |d^{\underline{\underline{E}}_i} X_s|$

$$= \sum_{i\geq 1} \left(\sum_{n\geq i+1} 1_{D_n} \right) \int_0^t 1_{\{t_{i+1}<s\leq t_i\}} |d^{\underline{\underline{E}}_i} X_s| \ ;$$

si T est un $\underline{\underline{F}}$-temps d'arrêt, borné par 1 et tel que $P[T > 0] > 0$, on a :

$$E\left[\int_0^T |dW_s|\right] = \sum_{i\geq 1} P\left[\bigcup_{n\geq i+1} D_n\right] E\left[\int_0^T 1_{\{t_{i+1}<s\leq t_i\}} |d^{\underline{\underline{E}}_i} X_s|\right]$$

$$= \sum_{i\geq 1} (1-\alpha_1)\dots(1-\alpha_i)\, E\left[\int_0^T 1_{\{t_{i+1}<s\leq t_i\}} |d^{\underline{\underline{E}}_i} X|_s^P\right]$$

$$\geq c \sum_{i\geq 1} (1-\alpha_1)\dots(1-\alpha_i)\, (t_i-t_{i+1})^{\frac{1}{2}}\, P[O_i \cap \{t_i<T\}].$$

Il suffit de choisir $t_i = \frac{1}{i}$ et $\alpha_i = 1 - \dfrac{\text{Log } (i+1)}{\text{Log } (i+2)}$ pour que cette quantité soit toujours infinie.

III-3-c) Adjonction de S_1.

<u>Proposition (3,24)</u> : <u>$\underline{\underline{F}}^{\sigma(S_1)}$ vérifie $\underline{\underline{H}}'$ et $\underline{\underline{M}}^2(\underline{\underline{F}})$ est inclus dans $\underline{\underline{H}}^1(\underline{\underline{F}}^{\sigma(S_1)})$.</u>

<u>Si M appartient à $\underline{\underline{L}}(\underline{\underline{F}})$,</u>

$$M_t - \int_0^t \{S_s<S_1\} \frac{S_1 - X_s}{1 - s}\, d[M,X]_s + \int_0^t 1_{\{S_s=S_1\}} \frac{\exp - \dfrac{(S_1-X_s)^2}{2(1-s)}}{\displaystyle\int_0^{\frac{S_1-X_s}{\sqrt{1-s}}} \exp - \frac{r^2}{2}\, dr} \frac{d[M,X]_s}{\sqrt{1-s}}$$

<u>appartient à $\underline{\underline{L}}(\underline{\underline{F}}^{\sigma(S_1)})$.</u>

<u>Démonstration</u> : avec les notations de III-2-b) et $L = S_1$, on a, pour $t < 1$:

$$\Lambda_t^a = P[S_1 > a|\underline{\underline{F}}_t] = P[T_a < 1|\underline{\underline{F}}_t]$$

$$= 1_{\{T_a \leq t\}} + 1_{\{t < T_a\}} (1 - f(a-X_t, 1-t)).$$

La formule d'Ito donne :

$$\Lambda_t^a = P[S_1 > a] + \int_0^{t\wedge T_a\wedge 1} \frac{\partial f}{\partial x}(a-X_s, 1-s)\,dX_s$$

$$= P[S_1 > a] + \sqrt{\frac{2}{\pi}} \int_0^{t\wedge T_a\wedge 1} (1-s)^{-\frac{1}{2}} \exp - \frac{(a-X_s)^2}{2(1-s)}\, dX_s,$$

d'où $[\Lambda^a, M]_t = \int_0^t \lambda(a,s)\, d[X,M]_s$ avec

$$\lambda(a,s) = 1_{\{s<1\}} \sqrt{\frac{2}{\pi(1-s)}}\, 1_{\{S_s<a\}} \exp - \frac{(a-X_s)^2}{2(1-s)}$$

$$= \int_{]a,+\infty[} \ell(x,s)\, \Lambda(dx,s)$$

où $$\ell(x,s) = 1_{\{s<1\}} \left\{ 1_{\{S_s<x\}} \frac{x-X_s}{1-s} - 1_{\{S_s\geq x\}} \frac{1}{\sqrt{1-s}} \frac{\exp - \frac{(x-X_s)^2}{2(1-s)}}{\int_0^{\frac{x-X_s}{\sqrt{1-s}}} \exp - \frac{r^2}{2}\, dr} \right\}$$

(on a en effet :

$$\Lambda_s^a = 1_{\{S_s\geq a\}} + 1_{\{S_s<a\}} \left(1 - \sqrt{\frac{2}{\pi}} \int_0^{\frac{a-X_s}{\sqrt{1-s}}} \exp - \frac{u^2}{2}\, du\right)).$$

En outre

$$A_\infty(1,\sigma(S_1),M) = \int_0^\infty |d[M,X]_s| \int_{R_+} |\lambda(da,s)| = 2\sqrt{\frac{2}{\pi}} \int_0^1 \frac{1}{\sqrt{1-s}} \exp - \frac{(S_s-X_s)^2}{2(1-s)} |d[M,X]_s|$$

est majoré par $2\sqrt{\frac{2}{\pi}}\, [M,M]_1^{\frac{1}{2}} \left(\int_0^1 \frac{1}{1-s} \exp - \frac{(S_s-X_s)^2}{(1-s)}\, ds\right)^{\frac{1}{2}}$.

On a donc $E[A_\infty(1,\sigma(S_1),M)] \leq 2\sqrt{\frac{2}{\pi}}\, \rho\, \|M\|_{\underline{\underline{M}}^2(\underline{\underline{F}})}$

si $$\rho^2 = E\left[\int_0^1 \frac{1}{1-s} \exp - \frac{(S_s-X_s)^2}{(1-s)}\, ds\right] = E\left[\int_0^1 \frac{1}{1-s} \exp - \frac{X_s^2}{(1-s)}\, ds\right]$$

$(S - X$ a même loi que $|X|)$,

soit $\rho^2 = \int_0^1 \frac{ds}{\sqrt{(1+s)(1-s)}} < +\infty.$

La proposition (3,24) est alors conséquence de la proposition (3,12).

III-3-d) Diffusions conditionnelles.

Nous ne cherchons pas ici le maximum de généralité. Y est une $(\underline{\underline{F}},P)$-semi-martingale continue (à valeurs dans un intervalle I de $\mathbb{R}$), de décomposition canonique :

$$Y_t = Y_0 + \int_0^t \alpha(Y_s)dX_s + \int_0^t b(Y_s)ds$$

où α et b sont des fonctions continues définies sur I ; on grossit $\underline{\underline{F}}$ à l'aide de Y_1.

On suppose que les espérances conditionnelles $E[r(Y_1)|\underline{\underline{F}}_t]$ (r borélienne bornée, $t < 1$) sont de la forme : $\int_I r(x)\,\pi(1-t,Y_t,x)dx$, où

$\pi : (u,y,x) \in]0,1] \times I \times I \to \pi(u,y,x) \in \mathbb{R}_+$ est mesurable, de classe C^1 en (u,y) pour presque tout $x \in I$, et telle que $\int_I |\frac{\partial\pi}{\partial y}(u,y,x)|dx$ et $\int_I \left|\frac{\partial\pi}{\partial u}(u,y,x)\right|dx$ soient finies (*).

On a alors : $P[Y_1 > a|\underline{\underline{F}}_t] = \int_I 1_{\{a < x\}}\,\pi(1-t,Y_t,x)dx$ $(t < 1)$, soit, d'après la formule d'Ito :

$$P[Y_1 > a|\underline{\underline{F}}_t] = P[Y_1 > a|\underline{\underline{F}}_0] + \int_0^t \left(\int_I 1_{\{a < x\}} \frac{\partial\pi}{\partial y}(1-s,Y_s,x)dx\right)\alpha(Y_s)dX_s$$

$$= \Lambda(a,s) = P[Y_1 > a|\underline{\underline{F}}_0] + \int_0^t \lambda(a,s)dX_s \quad \text{où}$$

$$\lambda(a,s) = 1_{\{s<1\}}\left\{\int_I 1_{\{a<x\}} \frac{\partial\pi}{\partial y}(1-s,Y_s,x)dx\right\}\alpha(Y_s) = \int_{a+}^{\infty} \ell(z,s)\,\Lambda(dz,s) \quad \text{si}$$

$$\ell(z,s) = 1_{\{s<1\}}\,\alpha(Y_s)\,\frac{\frac{\partial\pi}{\partial y}(1-s,Y_s,z)}{\pi(1-s,Y_s,z)} \; ; \quad \text{en outre}$$

$$\int_0^1 |\alpha(Y_s)| \int_{\mathbb{R}} |\lambda(da,s)|ds = \int_0^1 \alpha^2(Y_s)\left(\int_I \left|\frac{\partial\pi}{\partial y}(1-s,Y_s,x)\right|dx\right)ds.$$

(*) Le semi-groupe associé à la diffusion est : $P_u(y,dx) = \pi(u,y,x)dx$.

Les hypothèses de la proposition (3,12) sont satisfaites dès que $\sup_y \int_I |\frac{\partial\pi}{\partial y}(u,y,x)|dx$ est intégrable pour la mesure de Lebesgue sur $]0,1[$; Y est alors une $\underline{\underline{F}}^{\sigma(Y_1)}$-semi-martingale continue et $Y_t = Y_0 + \int_0^t \alpha(Y_s)d\overline{X}_s + \int_0^t b(Y_s)ds + \int_0^{t\wedge 1} \alpha^2(Y_s)\frac{\frac{\partial\pi}{\partial y}(1-s,Y_s,Y_1)}{\pi(1-s,Y_s,Y_1)}ds$, où $\overline{X}$ est un $\underline{\underline{F}}^{\sigma(Y_1)}$-mouvement brownien.

Si α et b sont suffisamment réguliers et si α est strictement positif, il existe, d'après la formule de Caméron-Martin..., une probabilité Q équivalente à P telle que la $(\underline{\underline{F}},P)$-semi-martingale continue $Z_t = \int_{x_0}^{Y_t} \frac{du}{\alpha(u)}$ ($x_0 \in I$ fixé) soit un $(\underline{\underline{F}},Q)$-mouvement brownien ; $\sigma(Z_1) = \sigma(Y_1)$; il résulte de l'exemple a) que l'hypothèse $\underline{\underline{H}}'$ n'est en général pas vérifiée par $\underline{\underline{F}}^{\sigma(Y_1)}$!

III-3-e) Adjonction du processus S.

Nous étudions maintenant le grossissement de la filtration $\underline{\underline{F}}$ à l'aide de la tribu $\underline{\underline{E}}$ engendrée par le processus S ; comme nous ne connaissons pas explicitement de variable aléatoire réelle engendrant $\underline{\underline{E}}$, il nous faut adapter les méthodes décrites en III-2 et procéder par étapes.

Remarquons que pour tout $a > 0$, $T_a = \sup(t, S_t < a)$; $\underline{\underline{E}}$ est donc aussi la tribu engendrée par le processus $(T_a)_{a \geq 0}$, qui s'avère plus maniable ici que S. Nous adoptons la démarche suivante :

- a étant donné $(a > 0)$, on étudie d'abord le grossissement de $\underline{\underline{F}}$ à l'aide du temps "terminal" T_a ; le lemme (3,25) donne des formules explicites ;
- les propriétés de processus à accroissements indépendants de $(T_a)_{a>0}$ facilitent ensuite l'étude de l'adjonction d'un nombre fini de variables $(T_{a_i}, i \in I)$ ou d'une suite $(T_{\beta(n)}, n \in \mathbb{N})$ (β suite strictement croissante, nulle en 0 et de limite $+\infty$) ; un passage à la limite lorsque le pas de la subdivision β tend vers 0 complète l'étude (théorème (3,26)).

Commençons par montrer :

<u>Lemme (3,25)</u> : <u>pour</u> $M \in \underline{\underline{L}}(\underline{\underline{F}})$, <u>il y a équivalence entre</u> :

i) M <u>est une</u> $\underline{\underline{F}}^{\sigma(T_1)}$-<u>semi-martingale</u> ;

ii) $\int_0^{T_1} \frac{1}{1-X_s} |d[M,X]_s|$ est P-p.s. fini.

Si i) est vérifiée, $M_t + \int_0^{t\wedge T_1} \frac{1}{1-X_s}\left(1 - \frac{(1-X_s)^2}{T_1 - s}\right) d[M,X]_s$ appartient à $\underline{\underline{L}}(\underline{\underline{F}}^{\sigma(T_1)})$;

en particulier, $\overline{X}_t = X_t + \int_0^{t\wedge T_1} \frac{1}{1-X_s}\left(1 - \frac{(1-X_s)^2}{T_1 - s}\right) ds$ est un $\underline{\underline{F}}^{\sigma(T_1)}$-mouvement brownien. Cependant $\underline{\underline{H}}'$ n'est pas vérifiée par $\underline{\underline{F}}^{\sigma(T_1)}$.

Démonstration : avec les notations de III-2-b) et $L = T_1$ on a :

$$\Lambda_t^a = P[T_1 > a | \underline{\underline{F}}_t] = 1_{\{a < T_1\}} 1_{\{a \leq t\}} + 1_{\{t < a\wedge T_1\}} f(1-X_t, a-t)$$

$$= 1_{\{a < T_1\}} 1_{\{a \leq t\}} + 1_{\{t < a\wedge T_1\}} \sqrt{\frac{2}{\pi}} \int_0^{\frac{1-X_t}{\sqrt{a-t}}} \exp -\frac{u^2}{2}\, du.$$

La formule d'Ito donne :

$$\Lambda_t^a = f(1,a) - \sqrt{\frac{2}{\pi}} \int_0^{t\wedge a\wedge T_1} \frac{1}{\sqrt{a-s}} \exp -\frac{(1-X_s)^2}{2(a-s)}\, dX_s .$$

Pour $M \in \underline{\underline{L}}(\underline{\underline{F}})$, on a donc : $d[M,\Lambda^a]_s = \lambda(a,s)\, d[X,M]_s$, où

$$\lambda(a,s) = -1_{\{s < a\wedge T_1\}} \sqrt{\frac{2}{\pi}} \frac{1}{(a-s)^{\frac{1}{2}}} \exp -\frac{(1-X_s)^2}{2(a-s)} \quad ; \quad \lambda(da,s) = \ell(a,s)\, \Lambda(da,s),$$

avec $\ell(a,s) = -1_{\{s < T_1\}} 1_{\{s < a\}} \frac{1}{1-X_s}\left(1 - \frac{(1-X_s)^2}{a-s}\right)$.

En outre, $\int_0^t |d[M,X]_s| \int_{\mathbb{R}} |\lambda(da,s)|$

$$= \frac{1}{\sqrt{2\pi}} \int_0^{t\wedge T_1} \left(\int_s^\infty \frac{|(1-X_s)^2 - (a-s)|}{(a-s)^{5/2}} \exp -\frac{(1-X_s)^2}{2(a-s)}\, da\right) |d[M,X]_s|$$

$$= c \int_0^{t\wedge T_1} \frac{1}{1-X_s} |d[M,X]_s|$$

où $$c = \int_0^\infty |1-t| \exp -\frac{1}{2t}\, (2\pi t^5)^{-\frac{1}{2}} dt = 2\sqrt{\frac{2}{\pi e}}.$$

La proposition (3,12) et une localisation montrent que ii) implique i) et que sous ii) on a en outre la décomposition annoncée ; appliquons le lemme (3,22) avec

$$A_t = \int_0^{t\wedge T_1} \frac{1}{1 - X_s} |d[X,M]_s| \quad \text{et} \quad R_t = 1_{\{t < T_1\}} \left|1 - \frac{(1 - X_t)^2}{T_1 - t}\right| ;$$

$$P(f(R)) = \int f(x)\, \mu(dx) \quad (\text{avec } \mu \text{ loi de } \left|1 - \frac{1}{T_1}\right|) \text{ sur } [\![0,T_1[\![.$$

ii) est donc équivalente à :

$$\text{iii)} \int_0^{T_1} \frac{1}{1 - X_s} \left|1 - \frac{(1 - X_s)^2}{T_1 - s}\right| |d[M,X]_s| < + \infty.$$

La condition ii) est vérifiée par X : soit L^x le temps local de X en x ; d'après le théorème de Ray-Knight ([51]), $(L_{T_1}^{1-x}, 0 \leq x \leq 1)$ a même loi que $(X_x^2 + X_x'^2, 0 \leq x \leq 1)$ où X' est un mouvement brownien indépendant de X ; en particulier $E[L_{T_1}^{1-x}] = 2(1-x)$ $(0 \leq x \leq 1)$, d'où

$$E\left[\int_0^{T_1} 1_{\{X_s > 0\}} \frac{1}{1 - X_s}\right] = E\left[\int_0^1 \frac{1}{1 - x} L_{T_1}^x\, dx\right] = 2 ; \quad \int_0^{T_1} \frac{ds}{1 - X_s} \quad \text{est fini.}$$

Supposons enfin i) vérifiée ; si M est orthogonale à X, M appartient à $\underline{\underline{L}}(\underline{\underline{F}}^{\sigma(T_1)})$. Pour montrer ii) (ou iii), ce qui est équivalent...) il suffit de traiter le cas où $M = H\cdot X$ avec H $\underline{\underline{F}}$-prévisible tel que $\int_0^t H_s^2\, ds$ soit fini pour tout t ; ii) résulte alors de la proposition (2,1) appliquée au brownien X.

De plus, soit w une fonction borélienne positive, nulle hors de $[0,1]$, telle que

$$E\left[\int_0^{T_1} w^2(1-X_s)\,ds\right] = \int_0^1 w^2(x)\, E[L_{T_1}^{1-x}]dx = 2 \int_0^1 x\, w^2(x)\,dx$$

soit fini.

$$P\left[\int_0^{T_1} \frac{w(1-X_s)}{(1-X_s)}\, ds < + \infty\right] = P\left[\int_0^1 \frac{w(x)}{x} L_{T_1}^{1-x}\, dx + < \infty\right]$$

$$= P\left[\int_0^1 \frac{w(x)}{x} X_x^2\, dx < + \infty\right] \quad (\text{théorème de Ray-Knight})$$

$$= P\left[\int_0^1 \frac{w(x)}{x} (X_1 - X_{1-x})^2\, dx < + \infty\right]$$

$$= P\left[\int_0^1 \frac{w(1-x)}{1-x} (X_1 - X_x)^2 dx < +\infty\right]$$

$$= P\left[\int_0^1 w(x)dx < +\infty\right] \quad \text{(lemme (3,22))}.$$

Si w est telle que $\int_0^1 x\, w^2(x)dx$ soit fini et $\int_0^1 w(x)dx$ infini, $w(1-X)\cdot X^{T_1}$ est dans $\underline{\underline{M}}^2(\underline{\underline{F}})$ mais n'est pas une $\underline{\underline{F}}^{\sigma(T_1)}$-semi-martingale.

Déduisons du lemme (3,25) :

<u>Théorème (3,26)</u> : <u>soit</u> $C_s = \inf(t > s, S_t > S_s)$ $(= \inf(t > s, S_t = X_t))$; <u>notons</u> $\underline{\underline{E}}$ <u>la tribu engendrée par le processus</u> S <u>et</u> $\underline{\underline{G}} = \underline{\underline{F}}^{\underline{\underline{E}}}$. <u>Pour</u> M <u>$\underline{\underline{F}}$-martingale locale, les conditions suivantes sont équivalentes</u> :

i') M <u>est une</u> <u>$\underline{\underline{G}}$-semi-martingale</u> ;

ii') $\int_0^t \frac{1}{S_u - X_u} d[M,X]_u$ <u>est fini pour tout</u> $t \geq 0$.

<u>Sous</u> i') $M_t + \int_0^t \frac{1}{S_u - X_u}\left(1 - \frac{(S_u - X_u)^2}{C_u - u}\right) d[X,M]_u$ <u>est une</u> <u>$\underline{\underline{G}}$-martingale locale</u>.

<u>Démonstration</u> : le processus $a \to T_a$ est l'inverse à gauche de S ; $\underline{\underline{E}} = \sigma(S_u, u \geq 0) = \sigma(T_a, a > 0)$; pour $a < b$, $T_b - T_a$ est indépendant de $\underline{\underline{F}}_{T_a}$. Au lieu d'adjoindre brutalement $\underline{\underline{E}}$ à $\underline{\underline{F}}_0$, nous procédons par grossissements successifs.

1) Pour β suite croissante telle que $\beta(0) = 0$ et $\sup_n \beta(n) = +\infty$, notons $\underline{\underline{E}}_\beta$ la tribu $\sigma(T_{\beta(i)}, i \in \mathbb{N})$ et $\underline{\underline{G}}^\beta$ la filtration $\underline{\underline{F}}^{\underline{\underline{E}}_\beta}$.

Supposons que ${}^iN = 1_{]\!]T_{\beta(i)}, T_{\beta(i+1)}]\!]}\cdot M$ appartienne à $\underline{\underline{L}}(\underline{\underline{F}}) \cap \underline{\underline{S}}(\underline{\underline{G}}^\beta)$; d'après le corollaire (1,17) (théorème de Stricker) ${}^iN$ appartient à $\underline{\underline{L}}(\underline{\underline{F}}) \cap \underline{\underline{S}}(\underline{\underline{F}}^{\sigma(T_{\beta(i+1)})})$; puisque pour $a < b$ $\int_0^{T_a} \frac{1}{b - X_s} d[M,X]_s$ est fini, M appartient donc à $\underline{\underline{L}}(\underline{\underline{F}}) \cap \underline{\underline{S}}(\underline{\underline{F}}^{\sigma(T_{\beta(i+1)})})$ (lemme (3,25)). Réciproquement, si M appartient à $\underline{\underline{L}}(\underline{\underline{F}}) \cap \underline{\underline{S}}(\underline{\underline{F}}^{\sigma(T_{\beta(i+1)})})$, d'après le lemme (3,25) on a :

$$]\!]T_{\beta(i)},T_{\beta(i+1)}]\!]\cdot M =]\!]T_{\beta(i)},T_{\beta(i+1)}]\!]\cdot M^{(i)}$$

$$- \int_0^{\cdot} 1_{\{T_{\beta(i)} < s < T_{\beta(i+1)}\}} \frac{1}{\beta(i+1)-X_s} \left(1 - \frac{(\beta(i+1)-X_s)^2}{T_{\beta(i+1)}-s}\right) d[X,M]_s,$$

où $M^{(i)}$ est une $\underline{\underline{F}}^{\sigma(T_{\beta(i+1)})}$-martingale locale ; $(T_{\beta(k+1)} - T_{\beta(k)}, k \geq i+1)$ est indépendant de $\underline{\underline{F}}_{T_{\beta(i+1)}}$; $]\!]T_{\beta(i)},T_{\beta(i+1)}]\!]\cdot M^{(i)}$ reste donc une $\underline{\underline{G}}^{\beta}$-martingale locale.

On a donc, d'après le lemme (3,25), l'équivalence pour $M \in \underline{\underline{L}}(\underline{\underline{F}})$ des conditions :

$M \in \underline{\underline{S}}(\underline{\underline{G}}^{\beta})$ et $\int_0^t \sum_i 1_{\{T_{\beta(i)} < s < T_{\beta(i+1)}\}} \frac{1}{\beta(i+1)-X_s} |d[M,X]_s| < +\infty$ pour tout t ;

en outre si M appartient à $\underline{\underline{S}}(\underline{\underline{G}}^{\beta})$, la partie $\underline{\underline{G}}^{\beta}$-prévisible à variation finie de M est :

$$- \int_0^t \sum_i 1_{\{T_{\beta(i)}<s<T_{\beta(i+1)}\}} \frac{1}{\beta(i+1)-X_s} \left(1 - \frac{(\beta(i+1)-X_s)^2}{T_{\beta(i+1)}-s}\right) d[M,X]_s = \int_0^t \theta_s^{\beta}\, d[M,X]_s .$$

2) De plus $V(M,\underline{\underline{G}}) = \sup_{\beta} V(M,\underline{\underline{G}}^{\beta})$

$$= c \sup_{\beta} E\left[\int_0^{\infty} \sum_i 1_{\{T_{\beta(i)} < s < T_{\beta(i+1)}\}} \frac{1}{\beta(i+1)-X_s} |d[X,M]_s|\right]$$

$$= c\, E\left[\int_0^{\infty} \frac{1}{S_u - X_u} |d[X,M]_u|\right] \quad \left(c = E\left[\left|1 - \frac{1}{T_1}\right|\right]\right).$$

Par localisation on a donc : ii') implique i'). Sous ii'), θ^{β} converge $d[X,M]dP$ p.s. quand le pas de la subdivision β tend vers 0 vers θ, où

$$\theta_s = - \frac{1}{S_s - X_s} \left(1 - \frac{(S_s - X_s)^2}{C_s - s}\right) ;$$

en outre, pour toute fonction borélienne positive f,

$$^{P}f\left(1 - \frac{(S_{\cdot} - X_{\cdot})^2}{C_{\cdot} - \cdot}\right) 1_{\{X < S\}} = 1_{\{X < S\}} E\left[f\left(1 - \frac{1}{T_1}\right)\right] ;$$

pour $f : x \to f(x) = |x|$ on obtient en particulier :

$$\int_0^t {}^{P}|\theta|_s\, |d[X,M]_s| = c \int_0^t \frac{1}{S_s - X_s} |d[X,M]_s| ;$$

le théorème de convergence des martingales (appliqué à $(\theta^{\beta})_{\beta}$, à la famille de tribus $\underline{\underline{P}}(\underline{\underline{G}}^{\beta})$ et à la mesure $\frac{1}{S_s - X_s} |d[X,M]_s| dP$) montre que sous ii') on a la décomposition annoncée. Le lemme (3,22), quant à lui montre l'égalité P-p.s. des deux ensembles $\{\int_0^{\infty} \frac{1}{S_s - X_s} |d[X,M]_s| < +\infty\}$ et

$$\{\int_0^{\infty} \frac{1}{S_s - X_s} (1 - \frac{(S_s - X_s)^2}{C_s - s}) |d[X,M]_s| < +\infty\}.$$

3) Soit maintenant $M \in \underline{\underline{L}}(\underline{\underline{F}}) \cap \underline{\underline{S}}(\underline{\underline{G}})$; pour tout $\varepsilon > 0$, $1_{\{S-X > \varepsilon\}} \cdot M$ vérifie ii').

Si $M = \overline{M} + A$ est la $\underline{\underline{G}}$-décomposition canonique de M, on a donc :

$$1_{\{S-X > \varepsilon\}} \cdot A = -\int_0^{\cdot} 1_{\{S_s - X_s > \varepsilon\}} \frac{1}{S_s - X_s} (1 - \frac{(S_s - X_s)^2}{C_s - s}) \, d[X,M]_s, \text{ d'où}$$

$$\int_0^t 1_{\{S_s - X_s > 0\}} |dA_s|$$

$$= \lim_{\varepsilon \to 0} \int_0^t 1_{\{S_s - X_s > \varepsilon\}} \frac{1}{S_s - X_s} \left| 1 - \frac{(S_s - X_s)^2}{C_s - s} \right| |d[X,M]_s|$$

$$= \int_0^t \frac{1}{S_s - X_s} \left| 1 - \frac{(S_s - X_s)^2}{C_s - s} \right| |d[X,M]_s|$$

est fini, si bien que i') est vérifiée et que l'on connait A d'après 2) !

<u>Corollaire (3,27)</u> : soit L^0 <u>le temps local de</u> X <u>en</u> 0, $D_s = \inf(t > s, X_t = 0)$, <u>$\underline{\underline{E}}'$ la tribu engendrée par le processus L^0 et $\underline{\underline{K}}$ la filtration $\underline{\underline{F}}^{\underline{\underline{E}}'}$</u>.

<u>Si M est une $\underline{\underline{F}}$-martingale locale, les conditions suivantes sont équivalentes</u> :

1) M <u>est une $\underline{\underline{K}}$-semi-martingale</u> ;

2) $\int_0^t \frac{1}{|X_s|} |d[X,M]_s|$ <u>est fini pour tout</u> t.

<u>Si</u> 1) <u>est vérifiée</u>, $M_t - \int_0^t \frac{1}{X_s} (1 - \frac{X_s^2}{D_s - s}) \, d[X,M]_s$ <u>est une $\underline{\underline{K}}$-martingale locale</u>.

<u>Démonstration</u> : d'après la formule de Tanaka, $X_t = \int_0^t \operatorname{sgn}(X_s)dX_s + L_t^0 = -X'_t + L_t^0$;

soit $S'_t = \sup_{s\leq t} X'_s$, $Z' = -X' + S'$. Recopions fidèlement [13] :

S' est croissant, porté par $\{X' = S'\}$ donc par $\{Z' = 0\}$;

Z' est positif ; dL^0 est porté par $\{X = 0\}$; par suite

$$(|X_t| - Z'_t)^2 = (S'_t - L_t^0)^2 = 2\int_0^t (S'_s-L_s^0)\,(dS'_s-dL_s^0)$$

$$= 2\int_0^t (Z'_s-|X_s|)\,(dS'_s-dL_s^0) = -2\left(\int_0^t |X_s|\,dS'_s + Z'_s\,dL_s^0\right) \leq 0, \quad \text{soit}$$

$|X| = Z'$ et $S' = L^0$.

Il suffit d'appliquer le théorème (3,26) au $\underline{\underline{F}}$-mouvement brownien X' et de remarquer que $D_s = \operatorname{int}(t > s,\ L_t^0 > L_s^0)$.

Notons que X n'est pas une $\underline{\underline{K}}$-semi-martingale. En effet $\int_0^{\cdot} \frac{1}{|X_s|}\,ds$ est infini :

$$P\left[\int_0^{T_1} \frac{ds}{|X_s|} < +\infty\right] \leq P\left[\int_0^{T_1} \frac{1}{X_s} 1_{\{X_s > 0\}}\,ds < +\infty\right]$$

$$= P\left[\int_0^1 \frac{1}{a} L_{T_1}^a\,da < +\infty\right] = \left(P\left[\int_0^1 \frac{1}{1-a} X_a^2\,da < +\infty\right]\right)^2 \quad \text{(Ray-Knight)}$$

$= 0$ puisque $P[X_1 \neq 0] = 1$.

$\{\int_{0+} \frac{1}{|X_s|}\,ds$ converge$\}$ étant assymptotique, sa probabilité ne peut donc être que 0 (cette démonstration figure en [16]).

Nous reviendrons plus tard sur le corollaire (3,27) (chapitre VI-4).

III-3-f) Une propriété des temps d'arrêt totalement inaccessibles.

<u>Proposition (3,28)</u> : <u>soient</u> T <u>un</u> $\underline{\underline{F}}$-<u>temps d'arrêt fini, totalement inaccessible sur</u> $\{T > 0\}$, <u>et</u> B <u>la projection duale</u> $\underline{\underline{F}}$-<u>prévisible de</u> $1_{\{0 < T \leq t\}}$.

a) B <u>est continu et</u> $T = \inf(t, B_t = B_T) = \sup(t, B_t < B_T)$.

b) <u>Pour tout fonction borélienne bornée</u> f <u>sur</u> $\mathbb{R}_+$,

$$^{o}(f(B_T)) = \bar{f}(B) + 1_{[\![T,+\infty[\![}(f-\bar{f})(B_T), \quad \underline{\text{avec}}\ \bar{f}(x) = \left(\int_x^\infty f(t)\exp{-t}\,dt\right)\exp x.$$

En particulier, la loi de B_T est $a\varepsilon_0 + (1-a)\exp-t\,dt$, où $a = P[T=0]$, ε_0 est la mesure de Dirac en 0 et dt est la mesure de Lebesgue sur $\mathbb{R}_+$.

c) Soit $\underline{\underline{G}}$ la filtration $\underline{\underline{F}}^{\sigma(B_T)}$; T est un $\underline{\underline{G}}$-temps d'arrêt prévisible ; l'hypothèse $\underline{\underline{H}}'$ est vérifiée par le couple $(\underline{\underline{F}},\underline{\underline{G}})$. Plus précisément, soit $X \in \underline{\underline{L}}(\underline{\underline{F}},P)$ et soit ξ un processus $\underline{\underline{F}}$-prévisible tel que $\xi_T = E[\Delta X_T|F_{T-}]$; alors $X - \xi_T 1_{[\![T,+\infty[\![} + \xi\cdot B$ est une $\underline{\underline{G}}$-martingale locale.

Démonstration : a) Le fait que B soit continu est une conséquence bien connue du théorème de section prévisible : si S est un $\underline{\underline{F}}$-temps d'arrêt prévisible, $E[\Delta B_S] = P[0 < S = T]$ est nul puisque T est totalement inaccessible ; l'ensemble prévisible $\{\Delta B \neq 0\}$ est donc évanescent. B est constant après T et on montre (sans cercle vicieux) en (4,2) que T appartient au support de B, d'où : $T = \inf(t, B_t = B_t) = \sup(t, B_t < B_T)$.

b) Soit U la $\underline{\underline{F}}$-martingale $U_t = 1_{\{T\leq t\}} - B_t$; si f est borélienne bornée, $\bar{f}$ est borélienne bornée et

$$\psi_t(f) = ((f-\bar{f})(B)\cdot U)_t = 1_{\{T \leq t\}}(f-\bar{f})(B_T) - \int_0^t (f-\bar{f})(B_s)dB_s$$

est une $\underline{\underline{F}}$-martingale uniformément intégrable. Puisque B est continu,

$$\int_0^t (f-\bar{f})(B_s)dB_s = F(B_t), \text{ si } F(x) = \int_0^x (f-\bar{f})(u)du \ ;$$

un calcul élémentaire montre que $F(x) = \bar{f}(0) - \bar{f}(x)$. On a donc :

$$\psi_t(f) = E[\psi_\infty(f)|\underline{\underline{F}}_t] = E[f(B_T)-\bar{f}(0)|\underline{\underline{F}}_t] = 1_{\{T\leq t\}}(f-\bar{f})(B_T) + \bar{f}(B_t) - \bar{f}(0),$$

soit ${}^o(f(B_T)) = \bar{f}(B) + 1_{[\![T,+\infty[\![}(f-\bar{f})(B_T)$. En particulier,

$$\begin{aligned} E[f(B_T)] &= f(0)\, P[T=0] + \bar{f}(0)\, P[T>0] \\ &= f(0)\, P[T=0] + P[T>0]\int_0^\infty f(t)\exp-t\,dt. \end{aligned}$$

(La formule de la loi de B_T est dûe à Azéma [2] ; les autres calculs ont également été inspirés par son article).

c) T est un $\underline{\underline{G}}$-temps d'arrêt prévisible, comme début de l'ensemble $\underline{\underline{G}}$-prévisible fermé $\{B_\cdot = B_T\}$. f étant toujours une fonction borélienne bornée, notons $\Phi(f)$ la $\underline{\underline{F}}$-martingale ${}^o(f(B_T))$; si X est une $\underline{\underline{F}}$-martingale locale, nulle en 0, et si C est la projection duale $\underline{\underline{F}}$-prévisible du processus (à variation localement intégrable) $\Delta X_T 1_{\{T\leq t\}}$, on a : $C = \xi\cdot B$ et

$[\Phi(f),X] = (f-\overline{f})(B_T)\ \Delta X_T\ 1_{\{T \leq t\}}$, soit : $<\Phi(f),X> = (f-\overline{f})(B)\cdot C$;

pour $f : x \to f(x) = 1_{\{x > a\}}$ $(a \geq 0)$, $(f-\overline{f})(x) = -\ 1_{\{x \leq a\}}\ \exp-(a-x)$,

soit $<\Phi(f),X> = -\int_0^t 1_{\{B_s \leq a\}}\ \exp-(a-B_s)\ dC_s$.

Par suite $A_t(1,\sigma(B_T),X) = 2\int_0^t |dC_s|$ est fini ; d'après le théorème (3,9), l'hypothèse $\underline{\underline{H}}'$ est vérifiée ; enfin, si $Y = X - \xi\cdot U$ $(U = 1_{[\![T,+\infty[\![} - B)$, $A_t(1,\sigma(B_T),Y)$ est nul ; $X - \xi\cdot U$ appartient donc à $\underline{\underline{L}}(\underline{\underline{G}},P)$ tandis que $\xi\cdot U$ est $\underline{\underline{G}}$-prévisible (à variation finie).

Remarque : conservons les hypothèses et les notations de la proposition (3,28) et considérons une variable aléatoire W, $\underline{\underline{F}}_T$-mesurable et conditionnellement indépendante de $\underline{\underline{F}}_{T-}$ sachant B_T ; $\underline{\underline{H}}'$ est vérifiée par le couple $(\underline{\underline{F}},\underline{\underline{F}}^{\sigma(B_T,W)})$; soit X une $\underline{\underline{F}}$-martingale locale, $Y = E[\Delta X_T | \underline{\underline{F}}_T \vee \sigma(W)]$; $X + \xi\cdot B - Y\ 1_{[\![T,+\infty[\![}$ est une $\underline{\underline{F}}^{\sigma(B_T,W)}$-martingale locale.

CHAPITRE IV. GROSSISSEMENT PROGRESSIF.

Soit L une variable aléatoire $\underline{\underline{A}}$-mesurable, à valeurs dans $\overline{\mathbb{R}}_+$; $\underline{\underline{C}}_t^L$ est la tribu engendrée par $\underline{\underline{F}}_t$ et $\inf(L,t)$, $\underline{\underline{F}}_t^L = \underline{\underline{C}}_{t+}^L$; $\underline{\underline{F}}^L$ est la filtration $(\underline{\underline{F}}_t^L)_{t \geq 0}$. $\underline{\underline{F}}^L$ est la plus petite filtration continue à droite, contenant la filtration $\underline{\underline{F}}$ et faisant de L un temps d'arrêt. On dit que $\underline{\underline{F}}^L$ est obtenue par grossissement (progressif) de $\underline{\underline{F}}$ à l'aide de L.

Nous allons étudier le comportement des semi-martingales dans ce type de grossissement, mais nous commençons par traiter quelques questions annexes dont les applications sont importantes.

IV-1. Projections de fermés aléatoires.

Reprenons quelques résultats de théorie générale des processus, tirés de Dellacherie ([9]) ; les démonstrations que nous en donnons ont leur source dans l'article ([2]) d'Azéma.

Lemme (4,1) : soit M un ensemble progressif (resp. optionnel, prévisible) ; son adhérence $\overline{M}$ (resp. son adhérence pour la topologie gauche $\overline{M}^g$) est optionnelle (resp. optionnelle, prévisible).

Démonstration : si M est progressif, le processus croissant L^M défini par $L_t^M(\omega) = \sup(s < t, (\omega,s) \in M)$ $(\sup \emptyset = -\infty)$ est continu à gauche, $\underline{\underline{F}}$-adapté d'après le théorème de capacitabilité, donc $\underline{\underline{F}}$-prévisible. L_+^M est optionnel et $\overline{M} = \{t, L_{t+}^M = t\}$ est optionnel.

Si M est optionnel (resp. prévisible) soit $\overline{L}^M$ le processus optionnel (resp. prévisible) défini par :

$$\overline{L}_t^M(\omega) = L_t^M(\omega) \quad \text{si} \quad (\omega,t) \in M^c, \quad \overline{L}_t^M(\omega) = t \quad \text{si} \quad (\omega,t) \in M \ ;$$

$\overline{M}^g = \{t, \overline{L}_t^M = t\}$ est donc optionnel (resp. prévisible).

Pour A processus croissant continu à droite (non nécessairement nul en 0), on note $S(A)$ (resp. $S^g(A)$) le support de A (resp. le support gauche de A) : avec la convention $A_u = 0$ pour $u < 0$,

$$S(A) = \{t \mid \forall \varepsilon > 0, A_t - A_{t-\varepsilon} > 0 \text{ ou } A_{t+\varepsilon} - A_t > 0\}$$

$$S^g(A) = \{t \mid \forall \varepsilon > 0, A_t - A_{t-\varepsilon} > 0\}.$$

Si A est optionnel (resp. prévisible), $S^g(A)$ est optionnel (resp. prévisible), fermé pour la topologie gauche et porte A ; $S(A)$ est l'adhérence de $S^g(A)$ (pour la topologie habituelle de $\mathbb{R}$) ; $S(A)$ est donc optionnel et est le plus petit fermé portant A.

Lemme (4,2) : soit A un processus croissant intégrable continu à droite, A^o (resp. A^p) sa projection duale optionnelle (resp. prévisible). Alors $S(A^o) \supset S(A)$; $S^g(A^o) \supset S^g(A)$; $S^g(A^p) \supset S^g(A)$.

Démonstration : $E\left[\int_{\mathbb{R}_+} 1_{{}^c S^g(A^o)}(u)\, dA_u\right] = E\left[\int_{\mathbb{R}_+} 1_{{}^c S^g(A^o)}(u)\, dA^o_u\right] = 0$;

d'où $$S^g(A^o) \supset S^g(A) \quad \text{et} \quad S(A^o) = \overline{S^g(A^o)} \supset \overline{S^g(A)} = S(A).$$

La démonstration est analogue pour A^p.

Lemme (4,3) : soit M un fermé gauche (resp. un fermé) mesurable.

i) $\{{}^o(1_M) = 1\}$ est fermé gauche (resp. fermé) et est le plus grand ensemble optionnel inclus dans M.

ii) $\{{}^p(1_M) = 1\}$ est fermé gauche et est le plus grand ensemble prévisible inclus dans M.

Démonstration : montrons i) lorsque M est fermé pour la topologie gauche (les autres cas se traitent de la même façon).

1) Si H est un ensemble optionnel, inclus dans M, 1_H est majoré par ${}^o(1_M)$, soit $H \subset \{{}^o(1_M) = 1\}$.

2) Si A est un processus croissant, à support gauche $S^g(A)$ inclus dans $\{{}^o(1_M) = 1\}$, on a $A = {}^o(1_M)\cdot A$ et $(1_{M^c}\cdot A^o)^o = {}^o(1_{M^c})\cdot A^o = ({}^o(1_{M^c})\cdot A)^o = 0$ soit $S^g(A^o) \subset M$. On a donc : $S^g(A) \subset \{{}^o(1_M) = 1\}$ implique $S^g(A) \subset S^g(A^o) \subset M$.

3) Si $\{{}^o(1_M) = 1\} \cap M^c$ n'était pas évanescent, on pourrait en trouver une section complète $\underline{\underline{A}}$-mesurable ℓ ; il existerait donc un processus croissant $A_t = 1_{\{0 \leq \ell \leq t\}}$ tel que $[\![\ell]\!] = S^g(A) \subset \{{}^o(1_M) = 1\} \cap M^c$, ce qui donnerait une contradiction.

Par suite $\{{}^o(1_M) = 1\}$ est inclus dans M ; le lemme (4,1) donne la conclusion.

Etudions maintenant le cas où M est un intervalle stochastique : pour L variable aléatoire à valeurs dans $\overline{\mathbb{R}}_+ \cup \{-\infty\}$,

$$[\![0,L]\!] = \{(\omega,t), t \in \mathbb{R}_+, t \leq L(\omega)\}, \quad [\![0,L[\![= \{(\omega,t), t \in \mathbb{R}_+, t < L(\omega)\} ;$$

on note $\tilde{Z}^L = {}^o(1_{[\![0,L]\!]})$, $Z^L = {}^o(1_{[\![0,L[\![})$ et $\tilde{A}^L$ (resp. A^L) la projection $\underline{\underline{F}}$-duale optionnelle (resp. prévisible) du processus croissant $1_{\{0 < L \leq t\}}$.

$\tilde{Z}^L$ est une surmartingale forte, limitée à droite et à gauche, et on a les relations :

$$\tilde{Z}^L_+ = Z^L, \quad \Delta A^L = (\tilde{Z}^L - Z^L)\, 1_{]\!]0,+\infty[\![},$$

$$\tilde{Z}^L_- = Z^L_- = {}^p(\tilde{Z}^L) \quad \text{sur }]\!]0,+\infty[\![.$$

D'après le lemme (4,3), si M est un ensemble ouvert pour la topologie gauche, M est inclus $\{{}^o(1_M) > 0\}$ et dans $\{{}^p(1_M) > 0\}$.

Par suite pour $\lambda \leq L$, les processus $1_{]\!]\lambda,L]\!]} \dfrac{1}{\tilde{Z}^L - \tilde{Z}^\lambda}$ et $1_{]\!]\lambda,L]\!]} \dfrac{1}{Z^L_- - Z^\lambda_-}$ sont bien définis et finis (on fait la convention $\tilde{Z}^L_{0-} = \tilde{Z}^L_0$).

IV.2. Calculs d'espérances conditionnelles.

Soit L une variable à valeurs dans $\overline{\mathbb{R}}_+$. De même que $\underline{\underline{P}}$ (resp. $\underline{\underline{O}}$, resp. $\underline{\underline{PR}}$) est la tribu $\underline{\underline{F}}$-prévisible (resp. $\underline{\underline{F}}$-optionnelle, resp. $\underline{\underline{F}}$-progressive) $\underline{\underline{P}}^L$ (resp. $\underline{\underline{O}}^L$, resp. $\underline{\underline{PR}}^L$) désigne la tribu $\underline{\underline{F}}^L$-prévisible (resp. $\underline{\underline{F}}^L$-optionnelle, resp. $\underline{\underline{F}}^L$-progressive) sur $\mathbb{R}_+ \times \Omega$.

<u>Lemme (4,4)</u> : a) <u>$\underline{\underline{F}}^L_0$ est la tribu engendrée par $\underline{\underline{F}}_0$ et l'ensemble</u> $\{L = 0\}$.

b) <u>Soit</u> H <u>un processus $\underline{\underline{F}}^L$-prévisible borné ; il existe</u> J <u>$\underline{\underline{F}}$-prévisible borné et</u> $K : \mathbb{R}_+ \times \mathbb{R}_+ \times \Omega \to \mathbb{R}$, <u>$\underline{\underline{\mathbb{R}}}_+ \otimes \underline{\underline{P}}$-mesurable borné tels que</u> :

$$H_t(\omega) = J_t(\omega)\, 1_{\{t \leq L(\omega)\}} + 1_{\{L(\omega) < t\}}\, K(L(\omega),t,\omega) \quad \underline{\text{pour}} \quad t > 0.$$

<u>Démonstration</u> : a) si $A \in \underline{\underline{F}}^L_0$, pour tout rationnel $r > 0$, $A \in \underline{\underline{G}}^L_r$; il existe donc $\alpha_r(x,\omega)$ $\underline{\underline{\mathbb{R}}}_+ \otimes \underline{\underline{F}}_r$-mesurable tel que :

$$1_A(\omega) = \alpha_r(r \wedge L(\omega),\omega) \;;\; \text{d'où :}$$

$$1_A(\omega) = 1_{\{L(\omega) = 0\}}\, \alpha_r(0,\omega) + 1_{\{L(\omega) > 0\}}\, \alpha_r(L(\omega) \wedge r,\omega)$$

$$= 1_{\{L(\omega) = 0\}}\, \underline{\lim}_r\, \alpha_r(0,\omega) + 1_{\{L(\omega) > 0\}}\, \underline{\lim}_r\, \alpha_r(r,\omega).$$

b) Il suffit de montrer le résultat pour des générateurs de $\underline{\underline{P}}^L \Big|_{]\!]0,+\infty[\![}$, donc pour des processus de la forme $\alpha(s \wedge L(\omega))\, f_s(\omega)\, 1_{\{s < t\}}$, où $s \geq 0$, f_s $\underline{\underline{F}}_s$-mesurable et α mesurable définie sur $\mathbb{R}_+$. On prend alors :

$$J_t(\omega) = \alpha(s)\, f_s(\omega)\, 1_{\{s < t\}} \quad \text{et} \quad K(x,t,\omega) = \alpha(x \wedge s)\, f_s(\omega)\, 1_{\{s < t\}}.$$

Remarques (4,5) : 1) Pour H $\underline{\underline{P}}^L$-mesurable, $H\, 1_{]\!]0,L]\!]} = J\, 1_{]\!]0,L]\!]}$ avec J $\underline{\underline{P}}$-mesurable, nul en 0 ; d'où ${}^P(H\, 1_{]\!]0,L]\!]}) = J\, Z^L_-$. D'après le lemme (4,4), on a donc :

$$H\, 1_{]\!]0,L]\!]} = \frac{1}{Z^L_-}\; {}^P(H\, 1_{]\!]0,L]\!]})\, 1_{]\!]0,L]\!]}.$$

2) Soit $(\underline{\underline{G}}^L_t)_{t \geq 0}$ la famille croissante de sous tribus de $\underline{\underline{A}}$ définie par : $\underline{\underline{G}}^L_t = \{A \in \underline{\underline{A}},\ \exists\, A_t \in \underline{\underline{F}}_t,\ A \cap \{t < L\} = A_t \cap \{t < L\}\}$.

On vérifie immédiatement que la filtration $\underline{\underline{G}}^L$ est continue à droite et contient $\underline{\underline{F}}^L$. $G^L_0 \Big|_{\{L=0\}} = \underline{\underline{A}} \Big|_{\{L=0\}}$, tandis que si H est $\underline{\underline{G}}^L$-prévisible, il existe J $\underline{\underline{F}}$-prévisible tel que : $H\, 1_{]\!]0,L]\!]} = J\, 1_{]\!]0,L]\!]}$ (le résultat est trivial si H est de la forme $1_A\, 1_{]\!]s,+\infty[\![}$ avec $A \in \underline{\underline{G}}^L_s$ et s'étend à $\underline{\underline{P}}(\underline{\underline{G}}^L)$ par classe monotone).

3) Soit H $\underline{\underline{G}}^L$-prévisible et J $\underline{\underline{P}}$-mesurable tel que $H = J$ sur $]\!]0,L]\!]$. $E[H_L\ ;\ 0 < L < +\infty] = E[J_L\ ;\ 0 < L < +\infty]$

$$= E\Big[\int_0^\infty J_s\, dA^L_s\Big] = E\Big[\int_0^L \frac{J_s}{Z^L_{s-}}\, dA^L_s\Big] \qquad \text{(lemme (4,3))}$$

$$= E\Big[\int_0^L \frac{H_s}{Z^L_{s-}}\, dA^L_s\Big].$$

On en déduit : <u>soit</u> H <u>$\underline{\underline{G}}^L$-prévisible (resp. $\underline{\underline{F}}^L$-prévisible) borné</u> ; $H_L\, 1_{\{L \leq t\}} - \int_0^{t \wedge L} \frac{H_s}{Z^L_{s-}}\, dA^L_s$ <u>est une $\underline{\underline{G}}^L$-martingale (resp. une $\underline{\underline{F}}^L$-martingale) uniformément intégrable</u>.

4) Etudions le $\underline{\underline{G}}^L$-temps d'arrêt L. Supposons qu'il soit $\underline{\underline{G}}^L$-prévisible ; soit alors $(T_n)_{n \geq 1}$ une suite de $\underline{\underline{G}}^L$-temps d'arrêt annonçant L ; d'après le point 2) ci-dessus, $1_{]\!]0,T_n]\!]} = J^{(n)}\, 1_{]\!]0,L]\!]}$ où $J^{(n)}$ est $\underline{\underline{F}}$-prévisible, nul en 0 ; on peut supposer $n \to J^{(n)}$ croissante, si bien que sur $\{L > 0\}$, L est annoncé par la suite $(S_n)_{n \geq 1}$ de $\underline{\underline{F}}$-temps d'arrêt $S_n = \inf(t>0, J^{(n)}_t = 0)$; on a donc :

L <u>est un</u> $\underline{\underline{G}}^L$ <u>(resp.</u> $\underline{\underline{F}}^L$<u>)-temps d'arrêt prévisible, si et seulement si</u> L <u>est égale à un</u> $\underline{\underline{F}}$<u>-temps d'arrêt prévisible sur</u> $\{L > 0\}$.

Notons $L_1 = L$ sur $\{\Delta A_L^L = 0\} \cap \{L > 0\}$, $L_1 = +\infty$ sur $\{\Delta A_L^L > 0\} \cup \{L = 0\}$

$L_2 = L$ sur $\{\Delta A_L^L > 0\} \cup \{L = 0\}$, $L_2 = +\infty$ sur $\{\Delta A_L^L = 0\} \cap \{L > 0\}$.

Alors L_1 <u>(resp.</u> L_2<u>) est la partie totalement inaccessible (resp. accessible du</u> $\underline{\underline{G}}^L$ <u>ou</u> $\underline{\underline{F}}^L$<u>-temps d'arrêt</u> L.

Les sauts de A^L sont en effet $\underline{\underline{F}}$-prévisibles et le graphe de L_2 est inclus dans l'ensemble $\underline{\underline{F}}^L$-prévisible mince $\{\Delta A^L > 0\} \cup \{L = 0\} \times \{0\}$; L_2 donc $\underline{\underline{F}}^L$ (ou $\underline{\underline{G}}^L$)-accessible. Par contre si T est un $\underline{\underline{G}}^L$-temps d'arrêt prévisible,

$$P[L_1 = T < +\infty] = P[0 < L = T\ ;\ \Delta A_L^L = 0]$$

$$= E\left[\int_0^L \frac{1}{Z_{u-}^L} 1_{\{u=T\} \cap \{\Delta A_u^L = 0\}} dA_u^L\right] \qquad \text{(remarque (4,5-3))}$$

$$= E\left[\frac{1}{Z_{T-}^L} \Delta A_T^L\ ;\ 0 < T \leq L,\ \Delta A_T^L = 0\right] = 0.$$

<u>En particulier,</u> L <u>est</u> $\underline{\underline{G}}^L$ <u>(ou</u> $\underline{\underline{F}}^L$<u>)-totalement inaccessible si et seulement si pour tout</u> $\underline{\underline{F}}$<u>-temps d'arrêt prévisible,</u> $P[L = T < +\infty]$ <u>est nul</u>.

Notons $\underline{\underline{F}}_{L-}$ la tribu engendrée par $\{U_L 1_{\{L < +\infty\}}$; U $\underline{\underline{P}}$-mesurable$\}$; on définit de façon analogue $\underline{\underline{F}}_L$ (resp. $\underline{\underline{F}}_{L+}$) en remplaçant $\underline{\underline{P}}$ par $\underline{\underline{O}}$ (resp. $\underline{\underline{PR}}$).

D'après le lemme (4,4), $\underline{\underline{F}}_{L-}^L = \underline{\underline{F}}_{L-}$ et puisque L est un $\underline{\underline{F}}^L$-temps d'arrêt, $\underline{\underline{F}}_L^L = \underline{\underline{F}}_{L+}^L$. On peut donc écrire : $\underline{\underline{F}}_{L-}^L = \underline{\underline{F}}_{L-} \subset \underline{\underline{F}}_L \subset \underline{\underline{F}}_{L+} \subset F_L^L$.

Nous allons maintenant étudier les espérances conditionnelles par rapport aux tribus $\underline{\underline{F}}_{L-}$ et $\underline{\underline{F}}_L$; comme $\underline{\underline{F}}_{L-}|_{\{L=0\}} = \underline{\underline{F}}_L|_{\{L=0\}} = \underline{\underline{F}}_0^L|_{\{L=0\}}$ on a pour h variable aléatoire positive intégrable (lemme (4,4-a)) :

$$\text{(4,6)} \quad E[h \mid \underline{\underline{F}}_L]\, 1_{\{L=0\}} = 1_{\{L=0\}} \frac{E[h\, 1_{\{L=0\}} | \underline{\underline{F}}_0]}{1 - Z_0^L}.$$

Concentrons notre attention à ce qui se passe sur $\{0 < L < +\infty\}$.

Nous utiliserons le résultat suivant énoncé par Airault et Föllmer [1] :

Théorème (4,7) : soient A et B deux processus croissants prévisibles intégrables ; on suppose A continu et on note μ^A et μ^B les mesures définies sur $(\mathbb{R}_+ \times \Omega, \underline{\underline{P}})$ par : $\mu^A(ds,d\omega) = dA_s(\omega)\, dP(\omega)$, $\mu^B(ds,d\omega) = dB_s(\omega)\, dP(\omega)$.

Faisons la convention $0/0 = 0$.

Les expressions $\lim\limits_{\substack{u\to 0\\ u\in Q_+^*}} \dfrac{{}^o(B_{u+\cdot} - B)}{{}^o(A_{u+\cdot} - A)}$ et $\lim\limits_{\substack{u\to 0\\ u\in Q_+^*}} \dfrac{{}^p(B_{u+\cdot} - B)}{{}^p(A_{u+\cdot} - A)}$

sont définies et égales μ^A-presque surement. De plus elles coïncident avec $\dfrac{d\mu^B}{d\mu^A}$.

Pour U et V processus mesurables, avec la convention $0/0 = 0$, on note :

$$ {}^o(U/V) = \frac{{}^o(U\,V)}{{}^oV} \quad \text{et} \quad {}^p(U/V) = \frac{{}^p(U\,V)}{{}^pV} . $$

Dans la situation présente, le théorème (4,7) devient :

Proposition (4,8) : pour tout réel $u > 0$, soit G^u le processus $G^u_t = 1_{\{t<L\leq t+u\}}$. Si h est une variable aléatoire intégrable, on a, sur $\{0 < L < +\infty\}$:

$$ (4,9) \quad E[h|\underline{\underline{F}}_L] = 1_{\{\tilde{Z}^L_L > Z^L_L\}}\, {}^o(h/1_{[\![L]\!]})_L $$

$$ + 1_{\{\tilde{Z}^L_L = Z^L_L\}} \lim_{\substack{u\to 0\\ u\in Q_+^*}} {}^o(h/G^u\, 1_{\{\tilde{Z}^L_L = Z^L_L\}})_L \ ; $$

$$ (4,10) \quad E[h|\underline{\underline{F}}_{L-}] = 1_{\{\Delta A^L_L > 0\}}\, {}^p(h/1_{[\![L]\!]})_L $$

$$ + 1_{\{\Delta A^L_L = 0\}} \lim_{\substack{u\downarrow 0\\ u\in Q_+}} {}^p(h/G^u\, 1_{\{\Delta A^L_L = 0\}})_L . $$

Démonstration : établissons (4,9) ; (4,10) s'obtient de façon analogue.

a) Considérons une suite de $\underline{\underline{F}}$-temps d'arrêt $(T_n)_{n\geq 1}$ à graphes disjoints épuisant les sauts de $\tilde{A}^L$. Pour tout processus $\underline{\underline{O}}$-mesurable borné U, on peut écrire, puisque $\Delta\tilde{A}^L = \tilde{Z}^L - Z^L = {}^o(1_{[\![L]\!]})$ sur $]\!]0,+\infty[\![$:

$$ E[hU_L \ ; \ \Delta\tilde{A}^L_L \neq 0,\ 0 < L < +\infty] = \sum_{n\geq 1} E[hU_{T_n} \ ; \ 0 < L = T_n < +\infty] $$

$$ = \sum_{n\geq 1} E[U_{T_n}\, {}^o(h\, 1_{[\![L]\!]})_{T_n} \ ; \ 0 < T_n < +\infty] $$

$$= \sum_{n\geq 1} E\left[U_{T_n}\ {}^{o}(h/1_{[\![L]\!]})_{T_n}\ ;\ 0 < T_n = L < +\infty\right]$$

$$= E\left[U_L\ {}^{o}(h/1_{[\![L]\!]})_L\ ;\ \Delta\tilde{A}^L_L \neq 0,\ 0 < L < +\infty\right].$$

b) On peut maintenant se limiter au cas où $h = h\, 1_{\{\tilde{Z}^L_L = Z^L_L\}}$ et $h \geq 0$.

$\tilde{A}^h$ projection $\underline{\underline{F}}$-duale optionnelle de $h\, 1_{0<L\leq t}$ est absolument continu par rapport au processus continu (et adapté) $\tilde{A} = 1_{\{\Delta\tilde{A}^L=0\}} \cdot \tilde{A}^L$; en outre :

${}^{o}(\tilde{A}^h_{u+\cdot} - \tilde{A}^h) = {}^{o}(hG^u)$, ${}^{o}(\tilde{A}_{u+\cdot} - \tilde{A}) = {}^{o}(G^u\, 1_{\{\tilde{Z}^L_L = Z^L_L\}})$.

De plus $\mu^{\tilde{A}^h}(U) = E\left[hU_L,\ 0 < L < +\infty\right] = E\left[h\ ({}^{P}U)_L,\ 0 < L < +\infty\right]$ pour tout processus $\underline{\underline{O}}$-mesurable borné U. Le théorème (4,7) montre l'existence $\mu^{\tilde{A}}$-p.s. de

$$\lim_{\substack{u\downarrow\downarrow 0\\ u\in Q_+}} {}^{o}(h/\ G^u\, 1_{\{\tilde{Z}^L_L = Z^L_L\}}).$$

$\theta = 1_{\{\tilde{Z}^L_L = Z^L_L\}} \lim\limits_{\substack{u\downarrow\downarrow 0\\ u\in Q_+}} {}^{o}(h/\ G^u\, 1_{\{\tilde{Z}^L_L = Z^L_L\}})_L$ existe donc P-p.s., est $\underline{\underline{F}}_L$-mesurable et vérifie : pour tout U $\underline{\underline{O}}$-mesurable borné, $E\left[hU_L,\ 0 < L < +\infty\right] = E\left[\theta U_L,\ 0 < L < +\infty\right]$.

La proposition (4,8) est démontrée.

IV-3. Comportement des semi-martingales.

Les résultats donnés ici sont très semblables à ceux du chapitre III, les démonstrations aussi ; nous ne les donnons que lorsqu'elles sont différentes.

On note : $Z^{L,\tilde{q}}_{-} = {}^{P}(\tilde{q}\, 1_{[\![0,L]\!]})$; $M^{L,\tilde{q}}$ est la martingale de $\underline{\underline{BMO}}(\underline{\underline{F}},P)$ qui représente la forme linéaire continue

$$X \to E_P[\tilde{q}\, X_L] = E_P\left[[X, M^{L,\tilde{q}}]_\infty\right] \quad \text{sur } \underline{\underline{M}}^1(\underline{\underline{F}},P).$$

<u>Lemme (4,11)</u> (cf. (3,2)) : <u>supposons que</u> L <u>soit à valeurs dans un ensemble au plus dénombrable</u> $(l_i)_{i\in I}$; <u>la filtration</u> $\underline{\underline{F}}^L$ <u>vérifie</u> $\underline{\underline{H}}'$.

<u>Soit</u> $Q = \tilde{q}.P$ <u>une probabilité équivalente à</u> P ($\tilde{q}$ <u>bornée</u>). <u>Soit</u> $X \in \underline{\underline{L}}(\underline{\underline{F}},P)$, $X = {}^{L,\tilde{q}}\overline{X} + {}^{L,\tilde{q}}X$ <u>sa</u> $(\underline{\underline{F}}^L,Q)$-<u>décomposition canonique</u> (${}^{L,\tilde{q}}\overline{X} \in \underline{\underline{L}}(\underline{\underline{F}}^L,Q)$, ${}^{L,\tilde{q}}X \in \underline{\underline{V}}_p(\underline{\underline{F}}^L)$, ${}^{L,\tilde{q}}X_0 = 0$).

Alors, avec $A_i = \{L = l_i\}$ $(i \in I)$ on a :

$$(4,12)\ {}^{L,\tilde{q}}X_t = \int_{0+}^{t\wedge L} \frac{1}{Z^{L,\tilde{q}}_{s-}} d\langle X, M^{L,\tilde{q}}\rangle_s$$

$$+ \sum_{i\in I} 1_{A_i} \int_{0+}^{t} 1_{\{l_i < s\}} \frac{1}{{}^{A_i}Z_{s-}(\tilde{q})} d\langle X, {}^{A_i}Z(\tilde{q})\rangle_s .$$

Démonstration : $\underline{\underline{F}}^L$ est une sous filtration de $\underline{\underline{F}}^{\sigma(L)}$ qui vérifie $\underline{\underline{H}}'$ (Théorème (3,2)) ; il suffit d'appliquer le théorème de Stricker (Corollaire (1,17)) pour obtenir le premier point.

Par localisation on peut ensuite supposer : $X \in \underline{\underline{M}}^1(\underline{\underline{F}},P)$. D'après la proposition (2,2-i) ${}^{L,\tilde{q}}\overline{X}$ appartient alors à $\underline{\underline{M}}^1(\underline{\underline{F}}^L,Q)$. D'après le lemme (4,4), si H appartient à $\underline{\underline{J}}(\underline{\underline{F}}^L)$, avec $H_0 = 0$, H est de la forme :

$$H = J_{[\![0,L]\!]} + \sum_{i\in I} {}^iK\ 1_{\{L=l_i\}}\ 1_{]\!]l_i,+\infty[\![}\quad \text{avec}\quad J_0 = {}^iK_0 = 0 \quad (i \in I)$$

et où les processus J et ${}^iK$ $(i \in I)$ appartiennent à $\underline{\underline{J}}(\underline{\underline{F}})$, si bien que l'on a :

$$E_Q[(H\cdot{}^{L,\tilde{q}}X)_L] = E_Q[(H\cdot X)_L] = E[\tilde{q}(H\cdot X)_L] = E[\tilde{q}(J\cdot X)_L]$$

$$= E[\int_0^\infty J_s\, d\langle X, M^{L,\tilde{q}}\rangle_s] = E[\tilde{q}\int_0^L \frac{J_s}{Z^{L,\tilde{q}}_{s-}} d\langle X, M^{L,\tilde{q}}\rangle_s]$$

$$= E_Q[\int_{0+}^L \frac{H_s}{Z^{L,\tilde{q}}_{s-}} d\langle X, M^{L,\tilde{q}}\rangle_s].$$

(Remarquons que $E_Q[\int_{0+}^L \frac{1}{Z^{L,\tilde{q}}_{s-}} |d\langle X, M^{L,\tilde{q}}\rangle_s|] = E[\int_0^\infty |d\langle X, M^{L,\tilde{q}}\rangle_s|]$ est majoré par $2\,||M^{L,\tilde{q}}||_{\underline{\underline{BMO}}(\underline{\underline{F}},P)}\ ||X||_{\underline{\underline{M}}^1(\underline{\underline{F}},P)}$ et est donc fini).

De même :

$$E_Q[1_{\{L=l_i\}}((H\cdot{}^{L,\tilde{q}}X)_\infty - (H\cdot{}^{L,\tilde{q}}X)_L)] = E_Q[\int_{l_i}^\infty {}^iK_s\, dX_s\ ;\ L=l_i]$$

$$= E[\int_{l_i}^\infty {}^iK_s\, d\langle X, {}^{A_i}Z(\tilde{q})\rangle_s] = E_Q[1_{A_i}\int_{l_i}^\infty \frac{{}^iK_s}{{}^{A_i}Z_{s-}(\tilde{q})} d\langle X, {}^{A_i}Z(\tilde{q})\rangle_s]$$

$$= E_Q\Big[1_{\{1_i = L\}}\int_{1_i}^{\infty} \frac{H_s}{{}^{A_i}Z_{s-}(\tilde{q})}\, d\langle X, {}^{A_i}Z(\tilde{q})\rangle_s\Big],$$

d'où la formule (4,12).

Remarque (4,13) (cf. (3,4)) : avec les hypothèses et les notations du lemme (4,11) X appartient à $\underline{\underline{H}}^1(\underline{\underline{F}}^L,Q)\cap \underline{\underline{M}}^1(\underline{\underline{F}},P)$ si et seulement si X appartient à $\underline{\underline{M}}^1(\underline{\underline{F}},P)$ et $E_Q\Big[\int_0^{\infty} |d^{L,\tilde{q}}X_s|\Big]$ est fini. Cette dernière quantité est encore égale à $E\big[A_{\infty}(\tilde{q},L,X)\big]$ où $A_t(\tilde{q},L,X) = \int_{0+}^{t} |d\langle X,M^{L,\tilde{q}}\rangle_s| + \sum_{i\in I}\int_{0+}^{t} 1_{\{1_i<s\}}\, |d\langle X, {}^{A_i}Z(\tilde{q})\rangle_s|$.

Soit maintenant L une variable positive quelconque. Si δ appartient à $\underline{\underline{D}}$ (cf. III-2-b) un calcul élémentaire associé au lemme (3,13) donne :

$$Z_{s-}^{L^{\delta},\tilde{q}} = \sum_{k\in\mathbb{N}} 1_{\{\delta(k) < s \leq \delta(k+1)} \Lambda_{s-}^{\delta(k)}(\tilde{q}) \qquad (s > 0) \qquad \text{et}$$

$$M^{L^{\delta},\tilde{q}} = 1 + \sum_{k\in\mathbb{N}} 1_{]\!]0,\delta(k+1)]\!]}\cdot(\tilde{\Lambda}^{\delta(k)}(\tilde{q}) - \tilde{\Lambda}^{\delta(k+1)}(\tilde{q})),$$

avec $\tilde{\Lambda}^a(\tilde{q}) = 1_{]\!]a,+\infty[\![}\cdot\Lambda^a(\tilde{q})$; d'où $A_t(\tilde{q},L,X) = \sum_{k\in\mathbb{N}}\int_{0+}^{t} |d\langle X,\tilde{\Lambda}^{\delta(k)}(\tilde{q}) - \tilde{\Lambda}^{\delta(k+1)}(\tilde{q})\rangle_s|$.

En outre $\underline{\underline{P}}^L = \bigvee_{\delta\in\underline{\underline{D}}} \underline{\underline{P}}^{L^{\delta}} = \bigvee_n \underline{\underline{P}}^{L^{\delta_n}}$ pour toute suite (δ_n) dans $\underline{\underline{D}}$ telle que $\sup_k |\delta_n(k+1) - \delta_n(k)|$ tende vers 0 quand n tend vers $+\infty$.

On obtient donc :

Théorème (4,14) (cf. (3,9)) : soit X une $(\underline{\underline{F}},P)$-martingale locale. Les conditions sont équivalentes :

1) X est une $\underline{\underline{F}}^L$-semi-martingale ;

2) il existe une probabilité $Q = \tilde{q}\cdot P$ équivalente à P, à densité $\tilde{q}$ bornée, telle que :

(4,15)
- i) il existe une version de $(a,t) \to \langle X,\tilde{\Lambda}^a(\tilde{q})\rangle_t$ continue à droite et à variation finie en chacune des variables ;
- ii) $A_t(\tilde{q},L,X) = \int_{]0,t]\times\mathbb{R}_a^+} |d_{(s,a)} \langle X,\tilde{\Lambda}^a(\tilde{q})\rangle_s|$ est fini pour tout t.

Nous ne donnons pas les énoncés analogues à (3,11), (3,10') ou (3,12). Notons toutefois :

Proposition (4,16) ([59]) : soit L une variable aléatoire à valeurs dans $\overline{\mathbb{R}}_+$.

1) Si X est une $\underline{\underline{F}}$-semi-martingale, $X_{L\wedge\cdot}$ est une $\underline{\underline{F}}^L$-semi-martingale.

2) $||X_{L\wedge\cdot}||_{\underline{\underline{H}}^1(\underline{\underline{F}}^L,P)} \leq 9\, ||X||_{\underline{\underline{H}}^1(\underline{\underline{F}},P)}$.

3) Si X appartient à $\underline{\underline{L}}(\underline{\underline{F}},P)$,

$$\overline{X}_t = X_{t\wedge L} - \int_{0+}^{t\wedge L} \frac{1}{Z^L_{s-}}\, d\langle X,M^L\rangle_s \quad \text{appartient à } \underline{\underline{L}}(\underline{\underline{F}}^L,P).$$

Démonstration : pour obtenir 1) et 2) il suffit de montrer que pour $X \in \underline{\underline{M}}_0(\underline{\underline{F}},P)$, $V(X_{L\wedge\cdot},\underline{\underline{F}}^L)$ est majoré par $6\, ||X||_{\underline{\underline{M}}^1(\underline{\underline{F}},P)}$.

Soit $Y_t = X_{L\wedge t}$; $V(Y,\underline{\underline{F}}^L) = \sup\{E[(H\cdot Y)_\infty],\ H \in \underline{\underline{J}}^e(\underline{\underline{F}}^L)\}$;

or si $H = \sum_{i=0}^{i=n} h_i\, 1_{]\!]t_i,t_{i+1}]\!]}$ appartient à $\underline{\underline{J}}^e(\underline{\underline{F}}^L)$,

$$H = J\, 1_{]\!]0,L]\!]} + K(L,\cdot)\, 1_{]\!]L,+\infty[\![} \quad (\text{où } J \in \underline{\underline{J}}(\underline{\underline{F}}),\ \text{lemme } (4,4))\ ;$$

$$(H\cdot Y)_\infty = \sum_{i=0}^{i=n} h_i\,(X_{L\wedge t_{i+1}} - X_{L\wedge t_i}) = \sum_{i=0}^{i=n} h_i\, 1_{\{t_i < L \leq t_{i+1}\}}\,(X_L - X_{t_i})$$

$$= \sum_{i=0}^{i=n} J_{t_i+}\, 1_{\{t_i < L \leq t_{i+1}\}}\,(X_L - X_{t_i}) = (J'\cdot X)_L$$

où J' est le processus de $\underline{\underline{J}}^e(\underline{\underline{F}})$ $J' = \sum_{i=0}^{n} J_{t_i+}\, 1_{]\!]t_i,t_{i+1}]\!]}$.

On a donc :

$$V(Y,\underline{\underline{F}}^L) \leq \sup\{E[(J\cdot X)_L],\ J \in \underline{\underline{J}}^e(\underline{\underline{F}})\} = E\left[\int_0^\infty |d\langle X,M^L\rangle_s|\right]$$

soit $V(Y,\underline{\underline{F}}^L) \leq \sqrt{2}\, ||M^L||_{\underline{\underline{BMO}}(\underline{\underline{F}})}\, ||X||_{\underline{\underline{M}}^1(\underline{\underline{F}})} \leq 6\, ||X||_{\underline{\underline{M}}^1(\underline{\underline{F}})}$.

X appartenant à $\underline{\underline{M}}^1(\underline{\underline{F}},P)$, $Y = M + A$ où $M \in \underline{\underline{M}}(\underline{\underline{F}}^L,P)$ et $A \in \underline{\underline{V}}_p(\underline{\underline{F}}^L)$, $A_0 = 0$ et $E\left[\int_0^\infty |dA_s|\right] < +\infty$; M et A sont arrêtés en L.

Le processus $B_t = \int_0^{t\wedge L} \frac{1}{Z^L_{s-}} d\langle X,M^L\rangle_s$ appartient à $\underline{\underline{V}}_p(\underline{\underline{F}}^L)$ et est à variation intégrable ; il résulte des calculs précédents que l'ensemble $\{H \in \underline{\underline{J}}(\underline{\underline{F}}^L) \mid E[(H\cdot B)_\infty] = E[(H\cdot A)_\infty]\}$ contient $\underline{\underline{J}}^e(\underline{\underline{F}}^L)$; d'après le théorème des classes monotones on a donc :

$E[(H\cdot B)_\infty] = E[(H\cdot A)_\infty]$ pour tout H de $\underline{\underline{J}}(\underline{\underline{F}}^L)$, i.e. $A = B$.

Remarque (4,16') : a) Le même résultat est vrai en remplaçant la filtration $\underline{\underline{F}}^L$ par la filtration $\underline{\underline{G}}^L$ (voir (4,5-2)).

b) Lorsque L est finie et telle que $P[0 < L = T] = 0$ pour tout $\underline{\underline{F}}$-temps d'arrêt T, L est un $\underline{\underline{F}}^L$- (ou $\underline{\underline{G}}^L$-) temps d'arrêt totalement inaccessible auquel on peut appliquer les conclusions de la proposition (3,28) ; d'après (4,5-3), la projection duale $\underline{\underline{F}}^L$- (ou $\underline{\underline{G}}^L$- prévisible de $1_{\{0 < L \leq t\}}$ est $B_t = \int_0^{t\wedge L} \frac{1}{Z^L_{s-}} dA^L_s$; les processus $\underline{\underline{F}}$-optionnels n'ayant pas de saut en L sur $\{L > 0\}$, la formule $\overline{X}_t = X_{t\wedge L} - \int_{0+}^{t\wedge L} \frac{1}{Z^L_{s-}} d\langle X,M^L\rangle_s$ définit en fait une $\underline{\underline{F}}^{\sigma(B_L)}$-martingale locale (de $\underline{\underline{H}}^1(\underline{\underline{F}}^{\sigma(B_L)})$ si X appartient à $\underline{\underline{M}}^1(\underline{\underline{F}})$).

Enfin, d'après le théorème (2,6) et le corollaire (2,8), une condition nécessaire et suffisante pour que la filtration $\underline{\underline{F}}^L$ vérifie $\underline{\underline{H}}'$ est qu'il existe une probabilité $Q = \tilde{q}\cdot P$ équivalente à P, à densité $\tilde{q}$ bornée, vérifiant l'une des propriétés suivantes :

(4,17) <u>pour tout X de $\underline{\underline{M}}^r(\underline{\underline{F}},P)$, pour tout $t \geq 0$, X^t appartient à $\underline{\underline{H}}^1(\underline{\underline{F}}^L,Q)$ (r fixé, $r > 1$)</u> (cf. (3,17)) ;

(4,18) <u>tout élément de $\underline{\underline{S}}_{sp}(\underline{\underline{F}},P)$ se localise dans $\underline{\underline{H}}^1(\underline{\underline{F}}^L,Q)$ à l'aide d'une suite de $\underline{\underline{F}}$-temps d'arrêt</u> (cf. (3,18)).

On introduit par analogie avec le III-2-c) <u>l'ensemble $\underline{\underline{N}}(\tilde{q},L)$ constitué des $(\underline{\underline{F}},P)$-martingales de la forme</u> :

$$\sum_{i=0}^{i=n} {}^iJ\cdot(\tilde{\Lambda}^{a_i}(\tilde{q}) - \tilde{\Lambda}^{a_{i+1}}(\tilde{q}))$$

$(n \in \mathbb{N},\ 0 \leq a_0 < a_1 < \ldots < a_{n+1},\ {}^iJ \in \underline{\underline{J}}^e(\underline{\underline{F}}))$.

On montre exactement comme en III-2-c) :

Proposition (4,19) (cf. (3,19)) : $\underline{\underline{M}}^r(\underline{\underline{F}},P)$ $(r \geq 1)$ se plonge dans $\underline{\underline{H}}^1(\underline{\underline{F}}^L,Q)$ si et seulement si $N(\tilde{q},L)$ est borné dans $M^{r'}(\underline{\underline{F}},P)$ si $r > 1$ et $\frac{1}{r} + \frac{1}{r'} = 1$, et dans $\underline{\underline{BMO}}(\underline{\underline{F}},P)$ si $r = 1$.

Proposition (4,20) (cf. (3,20)) : la condition (4,18) est équivalente à la condition

(4,18') pour tout t, $\{[N,N]_t,\ N \in \underline{\underline{N}}(\tilde{q},L)\}$ est borné dans $L^0(\Omega)$.

En outre, dans (4,18'), on peut remplacer $[N,N]$ par $\langle N,N \rangle$, N ou N^*.

CHAPITRE V. GROSSISSEMENT A L'AIDE DE VARIABLES HONNETES.

Quittons les grossissements progressifs généraux et venons en au cas où L est une variable honnête ; chronologiquement c'est le premier type grossissement progressif qui ait été étudié, d'abord par Barlow ([4]), puis Yor ([59]), Dellacherie et Meyer ([8]) (voir aussi [25]). Si L est honnête, $\underline{\underline{F}}^L$ vérifie $\underline{\underline{H}}'$; la structure de la tribu $\underline{\underline{P}}^L$ permet d'obtenir des formules non moins simples de décomposition des $\underline{\underline{F}}$-martingales locales.

V-1. Variables honnêtes et fins d'optionnels.

V-1-a) Caractérisations.

Une variable $\underline{\underline{A}}$-mesurable L, à valeurs dans $\overline{\mathbb{R}}_+$ est dite $\underline{\underline{F}}$-honnête si pour tout $t > 0$, L est égale à une variable $\underline{\underline{F}}_t$-mesurable sur $\{L < t\}$.

Nous allons étudier le lien entre la notion de variable honnête et celle de fin d'ensemble optionnel ; au cours du chapitre IV, nous avons fait la convention : $\sup \emptyset = -\infty$; lorsqu'il est question de fin d'ensemble optionnel, on s'occupe a priori de variables aléatoires $\underline{\underline{A}}$-mesurables λ (et même $\underline{\underline{F}}_\infty$-mesurables) à valeurs dans $\overline{\mathbb{R}}_+ \cup \{-\infty\}$; on définit, comme au chapitre IV, la filtration $\underline{\underline{F}}^\lambda$; la variable positive $\tilde{\lambda} = \sup(\lambda, 0)$ est un $\underline{\underline{F}}^\lambda$-temps d'arrêt et $\underline{\underline{F}}^\lambda$ est la filtration obtenue par adjonction initiale de $\{\lambda = -\infty\}$ à $\underline{\underline{F}}^{\tilde{\lambda}}$; en fait, si λ est fin de l'ensemble optionnel H, $\{\lambda = -\infty\} = \{\lambda \geq 0\} \cap H_0^c = \{\tilde{\lambda} = 0\} \cap H_0^c$ appartient à $\underline{\underline{F}}_0^{\tilde{\lambda}}$, si bien que $\underline{\underline{F}}^\lambda = \underline{\underline{F}}^{\tilde{\lambda}}$; aussi ne nous occuperons que de fins d'ensembles optionnels H contenant $[\![0]\!]$.

<u>Proposition (5,1)</u> : <u>soit</u> L <u>une variable</u> <u>$\underline{\underline{A}}$-mesurable, à valeurs dans</u> $\overline{\mathbb{R}}_+$.
<u>Les conditions suivantes sont équivalentes</u> :

i) L <u>est</u> <u>$\underline{\underline{F}}$-honnête</u> ;

ii) <u>il existe une fin d'ensemble</u> <u>$\underline{\underline{F}}$-optionnel, soit</u> λ <u>telle que</u> $\lambda = L$ <u>sur</u> $\{L<+\infty\}$;

iii) $\tilde{Z}^L_L = 1$ P-<u>p.s. sur</u> $\{L < +\infty\}$;

iv) $\underline{\underline{P}}^L|_{]\!]0,+\infty[\![}$ <u>est engendrée par</u> $\underline{\underline{P}}|_{]\!]0,+\infty[\![}$ <u>et</u> $]\!]0,L]\!]$.

<u>Démonstration</u> : Supposons L honnête ; pour tout rationnel $r > 0$, soit L'_r $\underline{\underline{F}}_r$-mesurable telle que $L'_r = L$ sur $\{L < r\}$; quitte à remplacer L'_r par $L'_r \wedge r$, on peut supposer : $L'_r \leq r$; soit alors pour tout $t \in \mathbb{R}_+^*$, $A_t = \sup_{\substack{r \in Q \\ r<t}} L'_r$; A est croissant, continu à gauche, adapté ; sur $\{L < t\}$, $A_t = L$ et on a toujours $A_t \leq t \wedge L$.

Sur $\{L < +\infty\}$ L est donc égale à la fin de l'ensemble optionnel $\{t \mid A_{t+} = t\}$.

Supposons ii) vérifiée ; λ est fin d'un ensemble optionnel M, contenant $[\![0]\!]$; on peut supposer M fermé (lemme (4,1)) ; or $M \subset [\![0,\lambda]\!]$ implique (lemme (4,3)) : $M \subset \{\tilde{Z}^\lambda = 1\} \subset [\![0,\lambda]\!]$; on a donc, sur $\{L < +\infty\}$, $\tilde{Z}^L_L \geq \tilde{Z}^\lambda_L = \tilde{Z}^\lambda_\lambda = 1$ d'où iii).

Soit pour tout réel $t > 0$, $\ell_t = \sup(s < t, \tilde{Z}^L_s = 1)$; le processus ℓ est $\underline{\underline{F}}$-prévisible ($\underline{\underline{F}}$-adapté et continu à gauche) ; sous iii), sur $\{L < t\}$ $L = \ell_t$;

si H est $\underline{\underline{P}}^L$-mesurable, nul en 0, utilisons la décomposition de H donnée par le lemme (4,4-b) ; on obtient : $H = J\,1_{]\!]0,L]\!]} + 1_{]\!]L,+\infty[\![}\,K(\ell,\cdot)$, et $K(\ell,\cdot)$ est $\underline{\underline{P}}$-mesurable, d'où iv).

Enfin, sous iv) $L\,1_{]\!]L,+\infty[\![}$ est $\underline{\underline{P}}^L$-mesurable, donc est de la forme $K\,1_{]\!]L,+\infty[\![}$ où K est $\underline{\underline{P}}$-mesurable ; sur $\{L < t\}$, L est donc égale à la variable $\underline{\underline{F}}_t$-mesurable (et même $\underline{\underline{F}}_{t-}$-mesurable) K_t d'où i).

(L'équivalence des points i) et iv) nous a été signalée par Azéma).

La proposition (5,1) amène à quelques commentaires :

* une fin d'ensemble optionnel est honnête ;
* une variable honnête finie est fin d'ensemble optionnel ;
* si L est honnête et A $\underline{\underline{A}}$-mesurable, la variable L_A définie par $L_A = L$ sur A, $L_A = +\infty$ sur A^c, est honnête.
* Une variable honnête non presque surement finie n'est pas nécessaire la fin d'un ensemble optionnel, même si elle est $\underline{\underline{F}}_\infty$-mesurable (voici un exemple : soit L une variable honnête bornée et A un ensemble $\underline{\underline{F}}_\infty$-mesurable tel que $P[A \cap \{T < +\infty\}] < P[T < +\infty]$ pour tout $\underline{\underline{F}}$-temps d'arrêt T ; on a alors l'inclusion : $\{\tilde{Z}^{L_A} = 1\} \subset [\![0, \|L\|_\infty]\!]$ et L_A ne saurait être fin d'un ensemble optionnel). Pour supprimer ce genre de "canular", il faudrait considérer les ensembles optionnels non sur $\mathbb{R}_+ \times \Omega$, mais sur $\overline{\mathbb{R}}_+ \times \Omega$ (ceci est à rapprocher de [2] où Azéma définit les prévisibles sur $\overline{\mathbb{R}}_+ \times \Omega$).
* Une variable $\underline{\underline{A}}$-mesurable L est fin d'un ensemble optionnel si et seulement s'il existe une suite $(L_n)_{n \geq 1}$ de variables honnêtes finies telles que $\sup_n L_n = L$.

Notons encore le

Lemme (5,2) : soit L une variable $\underline{\underline{F}}$-honnête ; alors $\tilde{Z}^L = \sup(Z^L, 1_{\{\tilde{Z}^L=1\}})$.

(On a en effet : $0 \leq 1_{\{Z^L<1\}}(\tilde{Z}^L - Z^L) = {}^o(1_{[\![L]\!]}\, 1_{\{Z^L_L<1\}}) = 0$, d'après la proposition (5,1-ii)).

V-1-b) Etude des nouvelles tribus prévisible et optionnelle.

La proposition (5,1-iv) amène à :

Proposition (5,3) : soit L une variable $\underline{\underline{F}}$-honnête ;

a) soit H un processus $\underline{\underline{P}}^L$-mesurable borné ; il existe J et K $\underline{\underline{P}}$-mesurables bornés tels que :

$$(5,4)\quad H\, 1_{]\!]0,+\infty[\![} = J\, 1_{]\!]0,L]\!]} + K\, 1_{]\!]L,+\infty[\![}$$

b) Soit H un processus $\underline{\underline{O}}^L$-mesurable borné ; il existe U et W $\underline{\underline{O}}$-mesurables bornés et V $\underline{\underline{PR}}$-mesurable borné, tels que :

$$(5,4')\quad H = U\, 1_{[\![0,L[\![} + V\, 1_{[\![L]\!]} + W\, 1_{]\!]L,+\infty[\![}$$

En conséquence, pour N processus mesurable borné,

a') la projection $\underline{\underline{F}}^L$-prévisible ${}^{p-L}N$ de N vérifie :

$$({}^{p-L}N)\, 1_{]\!]0,+\infty[\![} = {}^p(N/1_{]\!]0,L]\!]})\, 1_{]\!]0,L]\!]} + {}^p(N/1_{]\!]L,+\infty[\![})\, 1_{]\!]L,+\infty[\![}\,;$$

b') la projection $\underline{\underline{F}}^L$-optionnelle ${}^{o-L}N$ de N vérifie :

$$({}^{o-L}N)\,(1 - 1_{[\![L]\!]}) = {}^o(N/1_{[\![0,L[\![})\, 1_{[\![0,L[\![} + {}^o(N/1_{]\!]L,+\infty[\![})\, 1_{]\!]L,+\infty[\![}$$

Démonstration : a) traduit la proposition (5-1-iv).

b) $\underline{\underline{O}}^L$ est la tribu sur $\mathbb{R}_+ \times \Omega$ engendrée par les intervalles stochastiques $[\![S,T]\!]$ où S et T sont des $\underline{\underline{F}}^L$-temps d'arrêt vérifiant $S < T$ sur $\{S < +\infty\}$.

Or $1_{\{S \leq t \leq T\}} = \limsup_{s \to t} 1_{\{S < s \leq T\}}$ et $1_{]\!]S,T]\!]}$ est $\underline{\underline{P}}^L$-mesurable ; d'après a), il existe J et K $\underline{\underline{P}}$-mesurables, positifs et bornés, tels que :

$$1_{]\!]S,T]\!]} = J\, 1_{]\!]0,L]\!]} + K\, 1_{]\!]L,+\infty[\![}$$

Notons $\bar{J}$ et $\bar{K}$ les processus $\underline{\underline{O}}$-mesurables (cf. [7] ou utiliser le lemme (4,1)) :

$$\bar{J}_t = \limsup_{s \to t} J_s,\ \bar{K}_t = \limsup_{s \to t} K_s$$

et W le processus $\underline{\underline{PR}}$-mesurable (cf. [7]) :

$$W_t = \sup\ (\limsup_{\substack{s \to t \\ s < t}} J_s,\ \limsup_{\substack{s \to t \\ s > t}} K_s)\ ;$$

alors $1_{[\![S,T]\!]} = \bar{J}\ 1_{[\![0,L[\![} + W\ 1_{[\![L]\!]} + K\ 1_{]\!]L,+\infty[\![}$;

d'où b) par classe monotone.

Si N est un processus mesurable borné, il existe d'après a) J et K $\underline{\underline{P}}$-mesurables bornés tels que :

$$({}^{p-L}N)\ 1_{]\!]0,+\infty[\![} = J\ 1_{]\!]0,L]\!]} + K\ 1_{]\!]L,+\infty[\![}\ ;\ \text{on a donc :}$$

$${}^{p-L}(N\ 1_{]\!]0,L]\!]}) = J\ 1_{]\!]0,L]\!]},\quad {}^{p-L}(N\ 1_{]\!]L,+\infty[\![}) = K\ 1_{]\!]L,+\infty[\![},$$

soit par projection $\underline{\underline{F}}$-prévisible :

$${}^{p}(N\ 1_{]\!]0,L]\!]}) = J\ Z^L_-\ 1_{]\!]0,+\infty[\![},\ {}^{p}(N\ 1_{]\!]L,+\infty[\![}) = K(1 - \tilde{Z}^L_-),$$

d'où a') d'après IV-1. On procède de même pour b').

Remarques (5,5) : 1) Soit L une variable $\underline{\underline{F}}$-honnête et λ une variable $\underline{\underline{F}}^L$-honnête telle que $\lambda > L$; alors λ est $\underline{\underline{F}}$-honnête.

Pour tout $t > 0$, il existe en effet λ_t $\underline{\underline{F}}^L_t$-mesurable telle que $\lambda_t = \lambda$ sur $\{\lambda < t\}$; d'après la proposition (5,3-b), il existe λ'_t $\underline{\underline{F}}_t$-mesurable telle que $\lambda_t = \lambda'_t$ sur $\{L < t\}$, si bien que $\lambda = \lambda'_t$ sur $\{\lambda < t\}$.

En particulier, si L est F-honnête tout $\underline{\underline{F}}^L$-temps d'arrêt supérieur à L est $\underline{\underline{F}}$-honnête ; par exemple, l'approximation dyadique supérieure d'ordre n, soit $L^{(n)}$, d'une variable $\underline{\underline{F}}$-honnête L est honnête ($L^{(n)} = (k+1)2^{-n}$ sur $\{k2^{-n} \leq L < (k+1)2^{-n}\}$, $k \in \mathbb{N}$, $L^{(n)} = +\infty$ sur $\{L = +\infty\}$).

2) Les mêmes conclusions sont valables en remplaçant honnête par fin d'optionnel : si L est fin d'un ensemble $\underline{\underline{F}}$-optionnel et λ fin d'un ensemble $\underline{\underline{F}}^L$-optionnel H contenant $[\![0,L]\!]$, $H \cap]\!]L,+\infty[\![$ est de la forme $W \cap]\!]L,+\infty[\![$ pour un ensemble $\underline{\underline{F}}$-optionnel W et λ est la fin de l'ensemble $\underline{\underline{F}}$-optionnel $\{\tilde{Z}^L = 1\} \cup W$.

L étant honnête, il résulte de (5,4') que $\underline{\underline{F}}_{L+}$ est égale à $\underline{\underline{F}}^L_L$, la tribu des évènements $\underline{\underline{F}}^L$-antérieurs à L ; la proposition suivante, due à Azéma et Yor ([63]), donne une large classe de variables honnêtes pour lesquelles $\underline{\underline{F}}_L$ est distincte de $\underline{\underline{F}}_{L+}$. La représentation (5,4') ne peut donc, en général, pas être améliorée.

Proposition (5,6) : soit X une $\underline{\underline{F}}$-martingale continue, uniformément intégrable (X_∞ est sa variable terminale), nulle en 0, mais non identiquement nulle. Soit $\tau = \sup(t, X_t = 0)$. Alors :

1) $\underline{\underline{F}}_\tau = \underline{\underline{F}}_{\tau-}$;

2) $E[X_\infty | \underline{\underline{F}}_\tau] = 0$, $E[X_\infty | \underline{\underline{F}}_{\tau+}]$ n'est pas identiquement nulle ; en conséquence, $\underline{\underline{F}}_\tau$ est strictement contenue dans $\underline{\underline{F}}_{\tau+}$.

Démonstration : 1) Montrons en suivant [3], que pour tout $\underline{\underline{F}}$-temps d'arrêt S, $P[0 < \tau = S < +\infty] = 0$, ce qui assurera le premier point (si H est $\underline{\underline{O}}$-mesurable, $\{^pH \neq H\}$ est une réunion dénombrable de graphes de $\underline{\underline{F}}$-temps d'arrêt, soit $^pH_\tau = H_\tau$ sur $\{0 < \tau < +\infty\}$!). Supposons qu'il existe un temps d'arrêt S tel que $P[0 < \tau = S < +\infty] > 0$; soit $D_S = \inf(s > S, X_s = 0)$; considérons le processus $Y_t = |X_{S+t}| \, 1_{[\![S,D_S[\![}(S+t)$; Y_t peut encore s'écrire sous la forme :

$$Y_t = (1_A - 1_B) X_{S+t} 1_{[\![S,D_S[\![}(S+t),$$

où
$$A = \limsup_{t \downarrow\downarrow 0} \{X_{S+t} > 0\} \cap \{S < +\infty\}$$
$$B = \limsup_{t \downarrow\downarrow 0} \{X_{S+t} < 0\} \cap \{S < +\infty\} ;$$

Y est donc la $(\underline{\underline{F}}_{S+t})_{t\geq 0}$-martingale $(1_A - 1_B) X_{S+t}$, arrêtée en $D_S - S$; $Y_0 = 0$ sur $\{S = \tau\}$ et donc (propriété des surmartingales positives), Y_∞ est nulle sur $\{S = \tau\}$, i.e. $\{\tau = +\infty\}$ sur $\{S = \tau\}$, ce qui contredit l'hypothèse faite sur S.

2) Soit U la variable $\underline{\underline{F}}_{\tau+}$-mesurable $U = 1_{\{\tau<+\infty\}} \mathrm{sgn}(X_\infty)$ $(U = 1_{\{\tau<+\infty\}} \limsup_{s \downarrow\downarrow \tau} \mathrm{sgn}(X_s))$. On a :

$$E[|X_\infty|] = E[U X_\infty] = E[E[X_\infty | \underline{\underline{F}}_{\tau+}] U] > 0.$$

Il reste à montrer que $E[X_\infty | \underline{\underline{F}}_{\tau-}]$ est nulle.

Notons $\tau_t = \sup(s \leq t, X_s = 0)$, $D_t = \inf(s > t, X_s = 0)$; pour tout $\underline{\underline{F}}$-temps d'arrêt T et tout $s \in \mathbb{R}_+$, $\{\tau_s \leq T\} = \{D_T \geq s\}$; on a donc :

$X_s \, 1_{\{\tau_s \leq T\}} = X_{D_T \wedge s} = \int_0^s 1_{\{\tau_u \leq T\}} dX_u$; par classe monotone, on obtient :

pour tout processus $\underline{\underline{F}}$-prévisible borné H, $H_{\tau_\cdot} X$ est la martingale uniformément intégrable $\int_0^\cdot H_{\tau_u} dX_u$. En particulier $E[X_\infty H_\tau] = E[H_{\tau_0} X_0] = 0$, d'où $E[X_\infty | \underline{\underline{F}}_{\tau-}] = 0$.

V-1-c) Conditionnement par rapport à $\underline{\underline{F}}_{L+}$.

Lemme (5,7) : soit L une variable $\underline{\underline{F}}$-honnête et τ un $\underline{\underline{F}}^L$-temps d'arrêt.

a) Le graphe de $\tau_{\{\tau \neq L\}}$ est inclus dans une réunion dénombrable de graphes de $\underline{\underline{F}}$-temps d'arrêt ([4]).

b) Si τ est plus grand que L, $\underline{\underline{F}}^\tau_\tau = \underline{\underline{F}}^L_\tau$.

c) Si τ est strictement plus grand que L sur $\{L < +\infty\}$, on a :

- $\underline{\underline{F}}^\tau_\tau = \underline{\underline{F}}^L_\tau = \underline{\underline{F}}_\tau$;

- pour toute variable aléatoire bornée h et tout processus H tel que $H_\tau = h$ sur $\{\tau < +\infty\}$ (on peut toujours prendre pour H le processus constant h !),

$$E[h | \underline{\underline{F}}^\tau_\tau] = \frac{1}{1 - Z^L_\tau} \, {}^o(H \, 1_{]\!]L,+\infty[\![})_\tau = \frac{1}{1 - Z^L_\tau} \, {}^o(H \, 1_{[\![L,+\infty[\![})_\tau \text{ sur } \{\tau < +\infty\}.$$

Démonstration : d'après (5,4'), $1_{[\![\tau]\!]} = U \, 1_{[\![0,L[\![} + 1_{\{\tau=L\}} 1_{[\![L]\!]} + W \, 1_{]\!]L,\infty[\![}$ avec U et W $\underline{\underline{F}}$-optionnels ; sur $\{\tau < L\}$, τ est égal au $\underline{\underline{F}}$-temps d'arrêt $\inf(t, U_t = 1)$. Notons $\tau' = \tau_{\{L < \tau\}}$; $1_{[\![\tau']\!]} = W \, 1_{]\!]L,+\infty[\![}$

Par projection $\underline{\underline{F}}$-optionnelle, on obtient :

$\tilde{Z}^{\tau'} - Z^{\tau'} = W(1 - \tilde{Z}^L)$;

d'après le lemme (5,2) et la remarque (5,5-1), sur $\{\tau' < +\infty\} = \{L < \tau < +\infty\}$, on a : $\tilde{Z}^{\tau'}_{\tau'} = 1 > Z^{\tau'}_{\tau'} = Z^L_{\tau'}$.

Le graphe de τ' est donc contenu dans l'ensemble $\underline{\underline{F}}$-optionnel mince $\{Z^{\tau'} \neq \tilde{Z}^{\tau'}\}$.

Si τ est strictement supérieur à L sur $\{L < +\infty\}$, $F^L_\tau = \underline{\underline{F}}_\tau$ d'après (5,4'); montrons b) ; c) résulte alors de la démonstration (5,3-b').

Si $A \in \underline{\underline{F}}^{\tau}_{\tau}$, pour tout t, $A \cap \{\tau \leq t\} \in \underline{\underline{F}}^{\tau}_{t}$; il existe donc $A_t \in \underline{\underline{F}}_t$ tel que $A \cap \{\tau \leq t\} = A_t \cap \{\tau \leq t\}$; τ étant un $\underline{\underline{F}}^L$-temps d'arrêt, ce dernier ensemble appartient à $\underline{\underline{F}}^L_t$; on a donc toujours $\underline{\underline{F}}^{\tau}_{\tau} \subset \underline{\underline{F}}^L_{\tau}$.

Supposons maintenant $L \leq \tau$ et soit $A \in \underline{\underline{F}}^L_{\tau}$; pour tout t, $A \cap \{\tau \leq t\}$ appartient à $\underline{\underline{F}}^L_t$ et il existe donc A_t $\underline{\underline{F}}_t$-mesurable tel que

$A \cap \{\tau \leq t\} \cap \{L \leq t\} = A_t \cap \{L \leq t\} = A_t \cap \{\tau \leq t\} = A \cap \{\tau \leq t\}$, i.e. $A \in \underline{\underline{F}}^{\tau}_{\tau}$.

Remarque : soient L une variable $\underline{\underline{F}}$-honnête et τ un $\underline{\underline{F}}^L$-temps d'arrêt strictement supérieur à L sur $\{L < +\infty\}$; on a $\tilde{Z}^L \leq Z^{\tau} \leq \tilde{Z}^{\tau}$; d'après la démonstration précédente, $\tau = \inf(t > L, \tilde{Z}^{\tau}_t > Z^{\tau}_t)$.

$\Delta\tilde{A}^{\tau} = \tilde{Z}^{\tau} - Z^{\tau} = 1_{\{\tilde{Z}^{\tau} = 1\}} (1 - Z^{\tau})$; $\Delta\tilde{A}^{\tau}_{\tau} = 1 - Z^{\tau}_{\tau} = 1 - Z^L_{\tau}$ est strictement positif, si bien que $\tilde{A}^{\tau}$ est purement discontinu ($E[(1_{\{\Delta\tilde{A}^{\tau} = 0\}} \cdot \tilde{A}^{\tau})_{\infty}] = P[\Delta\tilde{A}^{\tau}_{\tau} = 0]!$).

Une expression "explicite" de $\tilde{A}^{\tau}$ est donc : $\tilde{A}^{\tau}_t = \sum_{0<s\leq t} (\tilde{Z}_s - Z^{\tau}_s)$.

Un dernier point de détail : $\tilde{A}^L$ (porté par $\{\tilde{Z}^L = 1\}$) et $\tilde{A}^{\tau}$ sont étrangers.

Appliquons le lemme (5,7) aux temps $L+t$ $(t > 0)$; le théorème de convergence des martingales donne :

Proposition (5,9) : soit L une variable $\underline{\underline{F}}$-honnête.

a) Si h est une variable aléatoire intégrable, on a sur $\{L < +\infty\}$:

$$E[h|\underline{\underline{F}}_{L+}] = \lim_{u \downarrow\downarrow 0} \frac{{}^{o}(h\, 1_{[\![L,\infty[\![})_{L+u}}{1 - Z^L_{L+u}} .$$

En conséquence, sur $\{Z^L_L < 1\}$, on a :

$$E[h|\underline{\underline{F}}_{L+}] = \frac{{}^{o}(h\, 1_{[\![L,\infty[\![})_L}{1 - Z^L_L} = \frac{{}^{o}(h\, 1_{[\![L]\!]})_L}{1 - Z^L_L}$$

et donc $\underline{\underline{F}}_{L+} \Big|_{\{Z^L_L < 1\}} = \underline{\underline{F}}_L \Big|_{\{Z^L_L < 1\}}$.

b) Si H est un processus mesurable borné, $t > 0$, on a sur $\{L < +\infty\}$:

$$\begin{aligned} E[H_{L+t}|\underline{\underline{F}}_{L+}] &= \lim_{u\downarrow\downarrow 0} \frac{1}{1 - Z^L_{L+u}} \, {}^{o}(H_{L+t}\, 1_{[\![L,+\infty[\![})_{L+u} \\ &= \lim_{u\downarrow\downarrow 0} \frac{1}{1 - Z^L_{L+u}} \, {}^{o}(H_{t-u+\cdot}\, 1_{[\![L,+\infty[\![})_{L+u} . \end{aligned}$$

V-2. L'hypothèse $\underline{\underline{H}}'$ est vérifiée ; formules de décomposition.

Le résultat essentiel est le

Théorème (5,10) ([4], [8], [24]) : soit L une variable honnête ; alors :

1) $\underline{\underline{F}}^L$ vérifie la propriété $\underline{\underline{H}}'$;

2) pour toute $\underline{\underline{F}}$-martingale locale X,

$$(5,11) \quad \chi_t = \int_{0+}^{t\wedge L} \frac{1}{Z^L_{s-}} d\langle X,M^L\rangle_s - \int_0^t 1_{\{L < s\}} \frac{1}{1 - Z^L_{s-}} d\langle X,M^L\rangle_s$$

est un processus à variation finie $\underline{\underline{F}}^L$-prévisible et $X - \chi = \overline{X}$ est une $\underline{\underline{F}}^L$-martingale locale.

3) Sur $\underline{\underline{L}}(\underline{\underline{F}})$ on a, pour tout réel r, $1 < r < +\infty$:

$$\sigma_r(X,\underline{\underline{F}}^L) \leq (2r' + 3)\, \sigma_r(X,\underline{\underline{F}}) \quad (r' \text{ conjugué de } r).$$

tandis que $||X||_{\underline{\underline{H}}^1(\underline{\underline{F}}^L)} \leq 15\, ||X||_{\underline{\underline{M}}^1(\underline{\underline{F}}^L)}$.

Démonstration : L étant honnête, ses approximations dyadiques supérieures $L^{(n)}$ sont honnêtes (remarque (5,5)) ; pour tout entier n, $\underline{\underline{F}}^{L^{(n)}}$ vérifie $\underline{\underline{H}}'$ (lemme (4,11)) ; si H est $\underline{\underline{F}}^{L^{(n)}}$-prévisible borné, il existe J et K $\underline{\underline{F}}$-prévisibles tels que : $H\, 1_{]\!]0,+\infty[\![} = J\, 1_{]\!]0,L^{(n)}]\!]} + K\, 1_{]\!]L^{(n)},+\infty[\![}$;

pour $X \in \underline{\underline{M}}^1(\underline{\underline{F}})$ et H nul en 0, on a donc :

$$(H\cdot X)_\infty = (J\, 1_{]\!]0,L^{(n)}]\!]}\cdot X) + (K\, 1_{]\!]L^{(n)},+\infty]\!]}\cdot X)$$

$$= (J\cdot X)_{L^{(n)}} + (K\cdot X)_\infty - (K\cdot X)_{L^{(n)}} \;;$$

en particulier, pour $H \in \underline{\underline{J}}^e_0(\underline{\underline{F}}^{L^{(n)}})$,

$$|E[(H\cdot X)_\infty]| = |E[((J - K)\cdot X)_{L^{(n)}}]| = |E[\int_0^\infty (J_s - K_s)d\langle X,M^{L^{(n)}}\rangle_s]|$$

$$\leq 2\, E[\int_0^\infty |d\langle X,M^{L^{(n)}}\rangle_s|] \leq 12\, ||X||_{\underline{\underline{M}}^1(\underline{\underline{F}})} \quad \text{(Fefferman).}$$

On a donc $V(X,\underline{\underline{F}}^{L^{(n)}}) \leq 12\ ||X||_{\underline{\underline{M}}^1(\underline{\underline{F}})}$; par suite : $V(X,\underline{\underline{F}}^L) = \sup_n V(X,\underline{\underline{F}}^{L^{(n)}})$ est majoré par $12\ ||X||_{\underline{\underline{M}}^1(\underline{\underline{F}})}$, d'où 1).

2) On peut supposer $X \in \underline{\underline{M}}(\underline{\underline{F}})$; on sait alors d'après 1) et la proposition (2,2) que X appartient à $\underline{\underline{H}}^1(\underline{\underline{F}}^L)$ et que $||X||_{\underline{\underline{M}}^1(\underline{\underline{F}}^L)} \leq 15\ ||X||_{\underline{\underline{M}}^1(\underline{\underline{F}})}$.

Notons $X = \overline{X} + \chi$ la $\underline{\underline{F}}^L$-décomposition canonique de X ($\overline{X} \in \underline{\underline{L}}(\underline{\underline{F}}^L)$, $\chi \in \underline{\underline{V}}_p(\underline{\underline{F}}^L)$, $\chi_0 = 0$). On sait que χ est à variation intégrable et $\overline{X} \in M^1(\underline{\underline{F}}^L)$; par suite, pour tout $H = J\, 1_{]\!]0,L]\!]} + K\, 1_{]\!]L,+\infty[\![}$ $\underline{\underline{F}}^L$-prévisible borné ($J$ et K $\underline{\underline{P}}$-mesurables), nul en 0, $E[(H\cdot X)_\infty] = E[(H\cdot\chi)_\infty] = E[(J\cdot X)_L] - E[(K\cdot X)_L]$

$$= E\Big[\int_0^\infty J_s\, d\langle X,M^L\rangle_s\Big] - E\Big[\int_0^\infty K_s\, d\langle X,M^L\rangle_s\Big]$$

$$= E\Big[\int_0^L \frac{H_s}{Z^L_{s-}}\, d\langle X,M^L\rangle_s\Big] - E\Big[\int_L^\infty \frac{H_s}{1 - Z^L_{s-}}\, d\langle X,M^L\rangle_s\Big] \quad \text{(proposition (5,3-a'))}$$

d'où la forme indiquée pour χ.

3) Soit enfin $r > 1$ et $X \in \underline{\underline{M}}^r(\underline{\underline{F}})$;

$$\sigma_r(X,\underline{\underline{F}}^L) = \sup\{||(H\cdot X)_\infty||_r,\ H \in \underline{\underline{J}}(\underline{\underline{F}}^L)\}$$

$$\leq 2\ ||X_0||_r + \sup\{||(J\cdot X)_L + (K\cdot X)_\infty - (K\cdot X)_L||_r,\ J,K \in \underline{\underline{J}}(\underline{\underline{F}})\}$$

$$\leq 3\ \sigma_r(X,\underline{\underline{F}}) + 2\sup\{||(J\cdot X)_L||_r,\ J \in \underline{\underline{J}}(\underline{\underline{F}})\}$$

$$\leq 3\ \sigma_r(X,\underline{\underline{F}}) + 2\sup\{||(J\cdot X)^*_\infty||_r,\ J \in \underline{\underline{J}}(\underline{\underline{F}})\}$$

$$\leq (2r'+3)\ \sigma_r(X,\underline{\underline{F}}) \quad \text{(d'après l'inégalité de Doob).}$$

<u>Remarque</u> : pour démontrer le premier point du théorème (5,10), on aurait pu utiliser le théorème (4,14) ; si $\ell_t = \sup(s \leq t,\ \tilde{Z}^L_s = 1)$ et $D_t = \inf(s > t,\ \tilde{Z}^L_s = 1)$, on a en effet : pour tout réel a positif et tout $\underline{\underline{F}}$-temps d'arrêt $T \geq a$,

$$P[L \leq a|\underline{\underline{F}}_T] = P[L \leq T|\underline{\underline{F}}_T]\ 1_{\{\ell_T \leq a\}} = 1_{\{\ell_T \leq a\}}\ (1 - Z^L_T)$$

$$= 1_{\{T < D_a\}}\ (1 - Z^L_T),$$

d'où $\lambda^a_t = (1 - Z^L_a)\, 1_{\{D_a \leq t\}} + (Z^L_t - Z^L_a)\, 1_{\{a \leq t < D_a\}}$

$$= (1_{]\!]a,D_a]\!]} \cdot Z^L)_t + (1 - Z^L_{D_a})\, 1_{\{D_a \leq t\}} \; ;$$

remarquons que l'on a : $\{a < s \leq D_a\} = \{\ell_{s-} \leq a < s\}$, et

$$(1 - Z^L_{D_a})\, 1_{[\![D_a,+\infty[\![} = {}^o(1_{\{L=D_a\}}\, 1_{[\![L,+\infty[\![}) = {}^o(1_{\{\ell_{L-} \leq a < L\}}\, 1_{[\![L,+\infty[\![}).$$

Soit alors X une $\underline{\underline{F}}$-martingale locale ; notons $C = (\Delta X_L\, 1_{[\![L,+\infty[\![})^p$;

on a : $[X,\lambda^a] = 1_{]\!]a,D_a]\!]} \cdot [X,Z^L] + (1 - Z^L_{D_a})\, \Delta X_{D_a}\, 1_{[\![D_a,+\infty[\![}$

$$= 1_{]\!]a,D_a]\!]} \cdot [X,Z^L] + {}^o(\Delta X_L\, 1_{\{\ell_{L-} \leq a < L\}}\, 1_{[\![L,+\infty[\![}),$$

soit $\langle X,\lambda^a\rangle_t = \int_0^t 1_{\{\ell_{s-} \leq a < s\}}\, (d\langle X,Z^L\rangle_s + dC_s)$,

qui est à variation finie en (a,t) (puisque majorée par

$$2 \int_0^t 1_{\{\ell_{s-} < s\}}\, |d\langle X,Z^L\rangle_s + dC_s|).$$

En suivant Barlow ([4] ou plus exactement [5]-1) étudions $\underline{\underline{M}}^2(\underline{\underline{F}}^L)$:

<u>Théorème (5,12)</u> : <u>soit</u> L <u>une variable honnête ; notons</u> U <u>la</u> $\underline{\underline{F}}^L$<u>-martingale</u>

$$U_t = 1_{\{L \leq t\}} - \int_{0+}^{t\wedge L} \frac{1}{Z^L_{s-}}\, dA^L_s$$

<u>et</u> $\underline{\underline{Y}}$ <u>l'ensemble des</u> $\underline{\underline{F}}^L$<u>-martingales</u> Y <u>de la forme</u> :

$$Y_t = X_{t\wedge L} - \int_{0+}^{t\wedge L} \frac{1}{Z^L_{s-}}\, d\langle X,M^L\rangle_s + 1_{\{L\leq t\}} \{X'_t - X'_L - \int_{L+}^{t} \frac{1}{1 - Z^L_{s-}}\, d\langle X',M^L\rangle_s\}$$

$$+ (H\cdot U)_t + v\, 1_{\{L \leq t\}}$$

<u>où</u> X <u>et</u> X' <u>appartiennent à</u> $\underline{\underline{M}}^2(\underline{\underline{F}})$, H <u>est</u> $\underline{\underline{F}}$<u>-prévisible et</u> $E[H^2_L, L < +\infty]$ <u>est fini</u>, v <u>appartient à</u> $L^2(\Omega,\underline{\underline{F}}_{L+},P)$ <u>et</u> $E[v|\underline{\underline{F}}_{L-}]$ <u>est nulle</u>.

$\underline{\underline{Y}}$ <u>engendre</u> $\underline{\underline{M}}^2(\underline{\underline{F}}^L)$.

La démonstration du théorème (5,12) repose sur deux lemmes.

Lemme (5,13) : soit L une variable $\underline{\underline{F}}$-honnête et N une $\underline{\underline{F}}^L$-martingale bornée, nulle sur $[\![0,L]\!]$, telle que pour toute $\underline{\underline{F}}$-martingale bornée X,

$$(5,14)\quad 1_{[\![L,+\infty[\![}N\{X - X_L + \int_{L+}^{\cdot} \frac{1}{1 - Z_{s-}^L}\, d\langle X,M^L\rangle_s$$

est une $\underline{\underline{F}}^L$-martingale. Alors N est nulle.

Démonstration : si A appartient à $\underline{\underline{V}}_p(\underline{\underline{F}}^L)$, $[N,A] = \Delta N \cdot A = N \cdot A - (N \cdot A)^{p-L}$ est une $\underline{\underline{F}}^L$-martingale locale (lemme de Yoeurp [58]) ; la condition (5,14) équivaut donc, d'après la formule d'Ito à : $[N,X]$ appartient à $\underline{\underline{L}}(\underline{\underline{F}}^L)$ pour toute $\underline{\underline{F}}$-martingale bornée X.

Soit γ un $\underline{\underline{F}}^L$-temps d'arrêt, strictement supérieur à L sur $\{L < +\infty\}$; quitte à remplacer N par $1_{]\!]\gamma,+\infty[\![}\cdot N$, on peut supposer N nulle sur $[\![0,\gamma]\!]$; $1_{]\!]\gamma,+\infty[\![}\frac{1}{1 - Z_-^L}$ est localement borné et la $\underline{\underline{F}}^L$-semi-martingale

$W = (1_{]\!]\gamma,+\infty[\![}\frac{1}{1 - Z_-^L})\cdot M^L$ est bien définie.

Notons en outre M la $\underline{\underline{F}}$-martingale ${}^oN$; $|M|$ est majorée par $||N||_\infty(1 - \tilde{Z}^\gamma)$; en particulier $M_\gamma = 0$ et $\{\tilde{Z}^L = 1\}$ est inclus dans $\{M = 0\}$; en outre d'après la proposition (5,3-a'), $K = \frac{1}{1 - Z_-^L} 1_{\{Z_-^L < 1\}}$ est tel que $K = N_-$ sur $]\!]L,+\infty[\![$.

(5,14) implique :

$N\, X + \int_0^{\cdot} 1_{\{L < s\}} \frac{N_{s-}}{1 - Z_{s-}^L}\, d\langle X,M^L\rangle_s$ appartient à $\underline{\underline{M}}^1(\underline{\underline{F}}^L)$ pour toute $\underline{\underline{F}}$-martingale bornée X ; par projection $\underline{\underline{F}}$-optionnelle et compensation, on obtient :

$M\, X + (\int_0^{\cdot} 1_{\{L < s\}} \frac{K_s}{1 - Z_{s-}^L}\, d\langle X,M^L\rangle_s)^p$ appartient à $\underline{\underline{M}}^1(\underline{\underline{F}})$, soit :

$\langle M,X\rangle + K\cdot\langle M^L,X\rangle = 0$ pour toute $\underline{\underline{F}}$-martingale bornée X.

La $\underline{\underline{F}}$-martingale (nulle en 0) $M + K\cdot M^L$ est donc identiquement nulle.

La $\underline{\underline{F}}^L$-semi-martingale $U = M\, 1_{[\![\gamma,+\infty[\![}$ vérifie alors :

$$U = 1_{]\!]\gamma,+\infty[\![}M = - 1_{]\!]\gamma,+\infty[\![}\cdot(K\cdot M^L) = - U_-\cdot W\ ;$$

U est donc nulle ([39] chapitre IV, théorème 25). N est nulle sur $[\![0,\gamma]\!]$ et coïncide avec $\frac{M}{1-Z^L}$ sur $]\!]L,+\infty[\![$; N est donc nulle.

Il suffit d'appliquer ce qui précède à $\gamma = L+t$ $(t > 0)$ et de faire tendre t vers 0 pour obtenir le lemme (5,13).

Lemme (5,15) : soit L une variable aléatoire quelconque et N une $\underline{\underline{F}}^L$-martingale bornée, nulle en 0, telle que $\Delta N_L = 0$. On suppose que pour toute $\underline{\underline{F}}$-martingale bornée X,

$$(5,16)\quad N_t\left(X_{t\wedge L} - \int_{0+}^{t\wedge L} \frac{1}{Z^L_{s-}}\, d\langle X,M^L\rangle_s\right) \quad \text{appartient à } \underline{\underline{L}}(\underline{\underline{F}}^L)$$

Alors N est nulle sur $[\![0,L]\!]$.

Démonstration : (5,16) et l'égalité $N_{L-} = N_L$ donnent :

$$(5,16')\quad N_tX_t\, 1_{\{t<L\}} + N_{L-}X_L\, 1_{\{L\leq t\}} - \int_{0+}^{t\wedge L} \frac{N_{s-}}{Z^L_{s-}}\, d\langle X,M^L\rangle_s$$

appartient à $\underline{\underline{M}}^1(\underline{\underline{F}}^L)$.

Soit J $\underline{\underline{F}}$-prévisible, nul en 0, tel que $J = N_-$ sur $]\!]0,L]\!]$ (lemme (4,4)) ; notons M la $\underline{\underline{F}}$-semi-martingale $M = {}^o(N\, 1_{[\![0,L[\![}) = {}^oN - {}^o(N_{L-}\, 1_{[\![L,+\infty[\![})$; on a : $M_- = J\, Z^L_-$ sur $]\!]0,+\infty[\![$ et $M = W - J\cdot A^L$ où W est une $\underline{\underline{F}}$-martingale.

Par projection $\underline{\underline{F}}$-optionnelle de (5,16'), on obtient, après compensation :
$M\,X - J\cdot\langle X,M^L\rangle + J\cdot(X_L\, 1_{[\![L,+\infty[\![})^p$ appartient à $\underline{\underline{L}}(\underline{\underline{F}}^L)$, soit :
$\langle W,X\rangle - J\cdot\langle X,M^L\rangle - (JX_-)\cdot A^L + J\cdot(X\cdot\tilde{A}^L)^p = 0$.

Lemme (5,17) : soit $\tilde{M}^L$ la $\underline{\underline{F}}$-martingale $\tilde{M}^L = Z^L + A^L$. Alors : $\tilde{A}^L - A^L$ est la martingale de $\underline{\underline{BMO}}(\underline{\underline{F}})$ définissent la forme linéaire continue sur $\underline{\underline{M}}^1(\underline{\underline{F}})$: $X \to E[\Delta X_L\ ;\ 0 < L]$ et $\langle X,\tilde{M}^L\rangle + \langle X,\tilde{A}^L - A^L\rangle = \langle X,M^L\rangle$ si $X_0 = 0$.

Pour $X \in \underline{\underline{M}}^1(\underline{\underline{F}})$, on a en effet $E\left[[X,\tilde{A}^L - A^L]_\infty\right] = E\left[\int_0^\infty \Delta X_s\, d(\tilde{A}^L - A^L)_s\right] = E\left[\Delta X_L\ ;\ 0<L<+\infty\right]$ puisque ${}^p(\Delta X) = 0$). De plus si X est bornée, $X_0 = 0$, on a :

$$E\left[\langle X,\tilde{M}^L\rangle_\infty + \langle X,\tilde{A}^L - A^L\rangle_\infty\right] = E\left[X_\infty \tilde{M}^L_\infty\right] + E\left[\Delta X_L\right]$$
$$= E\left[X_\infty Z^L_\infty\right] + E\left[(X\cdot A^L)_\infty\right] + E\left[\Delta X_L\right]$$

$$= E\left[X_\infty \;;\; L = \infty\right] + E\left[\Delta X_L\right] + E\left[(X_-\cdot A^L)_\infty\right]$$

$$= E\left[X_\infty \;;\; L = \infty\right] = E\left[\Delta X_L\right] + E\left[X_{L-} \;;\; L < +\infty\right]$$

$$= E\left[X_L\right] = E\left[<X,M^L>_\infty\right].$$

Achevons la démonstration du lemme (5,15).

Puisque $X_-\cdot A^L = (X\cdot A^L)^p$, (5,16) et le lemme (5,17) donnent : $<W - J\cdot\tilde{M}^L, X> = 0$ pour toute $\underline{\underline{F}}$-martingale bornée X ; la $\underline{\underline{F}}$-martingale -nulle en 0- $W - J\cdot\tilde{M}^L$ est nulle, d'où $M = J\cdot Z^L$.

La $\underline{\underline{F}}$-surmartingale Z^L est nulle sur $[\![T,+\infty[\![$, si T est le $\underline{\underline{F}}$-temps d'arrêt $T = \inf(t,\ Z^L_t \text{ ou } Z^L_{t-} = 0)$; Z^L_{L-} est non nulle ; T est minoré par L et

$\frac{1}{Z^L_-} 1_{]\!]0,L]\!]}$ est $\underline{\underline{F}}^L$-localement borné ; d'après la proposition (4,16),

$R = \frac{1}{Z^L_-} 1_{]\!]0,L]\!]}\cdot Z^L$ est une $\underline{\underline{F}}^L$-semi-martingale et la $\underline{\underline{F}}^L$-semi-martingale

$V = 1_{]\!]0,L]\!]}\cdot M$ vérifie $V = V_-\cdot R$; V est donc nulle ([39], chapitre IV, théorème 25),

d'où l'on tire $J = 0$ sur $]\!]0,L]\!]$, soit $N = 0$ sur $[\![0,L[\![$, soit $N = 0$ sur $[\![0,L]\!]$ puisque $N_0 = 0$ et $N_L = N_{L-}$.

La démonstration du théorème de Barlow (théorème (5,12) est alors aisée : si N est une $\underline{\underline{F}}^L$-martingale bornée, orthogonale à $\underline{\underline{Y}}$, on déduit du lemme (5,13) que $1_{]\!]L,+\infty[\![}\cdot N$ est nulle ; $\{Y_0,\ Y\in\underline{\underline{Y}}\}$ engendre $\underline{\underline{F}}^L_0$; N_0 est donc nulle ; avec $v = \Delta N_L - E\left[\Delta N_L | \underline{\underline{F}}_{L-}\right]$ et H $\underline{\underline{F}}$-prévisible tel que $H_L = E\left[\Delta N_L | \underline{\underline{F}}_{L-}\right]$ sur $\{L < +\infty\}$, on obtient ensuite $\Delta N_L = 0$; le lemme (5,15) donne alors $N = 0$.

<u>Remarque</u> : l'application θ de $\underline{\underline{M}}^2(\underline{\underline{F}})$ dans l'ensemble des $\underline{\underline{F}}^L$-martingales de carré intégrable, nulles sur $[\![0,L]\!]$:

$$X \to (\theta(X))_t = 1_{\{L \leq t\}} \left\{X_t - X_L + \int_{L+}^t \frac{1}{1 - Z^L_{s-}}\, d<X,M^L>_s\right\}$$

n'est en général pas surjective ($1_{]\!]L,+\infty[\![}\frac{1}{(1-Z_-^L)^{\frac{1}{2}}}$)$\cdot\theta(X)$ appartient à $\underline{\underline{M}}^2(\underline{\underline{F}}^L)$

pour tout X de $\underline{\underline{M}}_c^2(\underline{\underline{F}})$, mais n'appartient en général pas à $\theta(\underline{\underline{M}}^2(\underline{\underline{F}}))$).

Notons enfin que, si L est une variable honnête finie telle que $P[0 < L = T] = 0$ pour tout $\underline{\underline{F}}$-temps d'arrêt T, A^L ($= \tilde{A}^L$) est porté par $\{Z_-^L = 1\}$ et est constant après L ; d'après (4,16') et (5,10), pour X $\underline{\underline{F}}$-martingale locale,

$$\overline{X}_t = X_t - \int_0^{t\wedge L} \frac{1}{Z_{s-}^L}\, d<X,M^L>_s + \int_0^t 1_{\{L<s\}} \frac{1}{1-Z_{s-}^L}\, d<X,M^L>_s$$

définit une $\underline{\underline{F}}^{\sigma(A^L)}$-martingale locale ; en outre, $L = \inf(t, A_t^L = A_L^L)$.

V-3. Grossissements successifs.

Soient L et λ deux variables aléatoires $\underline{\underline{A}}$-mesurables positives ; on note $\underline{\underline{F}}^{L,\lambda}$ la filtration $(\underline{\underline{F}}^L)^\lambda$ ($= \underline{\underline{F}}^{\lambda,L}$) et $\underline{\underline{P}}^{L,\lambda}$ la tribu $\underline{\underline{F}}^{L,\lambda}$-prévisible. Supposons L $\underline{\underline{F}}$-honnête et λ $\underline{\underline{F}}^L$-honnête ; d'après la proposition (5,1), $\underline{\underline{P}}^{L,\lambda} \big|]\!]0,+\infty[\![$ est engendrée par $\underline{\underline{P}} \big|]\!]0,+\infty[\![$ et les intervalles stochastiques $]\!]0,L]\!]$ et $]\!]0,\lambda]\!]$.

<u>Proposition (5,18)</u> : <u>soient</u> L <u>une variable</u> $\underline{\underline{F}}$-<u>honnête et</u> λ <u>une variable</u> $\underline{\underline{F}}^L$-<u>honnête</u>.

a) <u>Soit</u> H <u>un processus mesurable, nul en</u> 0 ; <u>sa projection</u> $\underline{\underline{F}}^{L,\lambda}$-<u>prévisible est donnée par</u> :

$$(5,19)\quad {}^{p-L,\lambda}H = 1_{]\!]0,L\wedge\lambda]\!]}\, {}^p(H/1_{]\!]0,L\wedge\lambda]\!]}) + 1_{\{\lambda<L\}}\, 1_{]\!]\lambda,L]\!]}\, {}^p(H/1_{\{\lambda<L\}}\, 1_{]\!]\lambda,L]\!]})$$
$$+ 1_{]\!]L\wedge\lambda,\lambda]\!]}\, {}^p(H/1_{]\!]L\wedge\lambda,\lambda]\!]}) + 1_{]\!]L\vee\lambda,+\infty[\![}\, {}^p(H/1_{]\!]L\vee\lambda,+\infty[\![}).$$

b) <u>Supposons</u> $\lambda \leq L$. <u>Si</u> H <u>est mesurable nul en</u> 0, <u>sa projection</u> F^λ-<u>prévisible est donnée par</u> :

$$(5,20)\quad {}^{p-\lambda}H = {}^p(H/1_{[\![0,\lambda]\!]})\, 1_{]\!]0,\lambda]\!]} + 1_{]\!]\lambda,\tau]\!]}\, {}^p(H/1_{]\!]\lambda,\tau]\!]})$$
$$+ 1_{]\!]\tau,+\infty[\![}\, {}^p(H/1_{]\!]\tau,+\infty[\![}),$$

<u>où</u> τ <u>est le</u> $\underline{\underline{F}}^\lambda$-<u>temps d'arrêt</u> $\tau = \inf(t > \lambda, \tilde{Z}_t^\lambda = Z_t^L + {}^o(1_{[\![L]\!]}\, 1_{[\![\lambda]\!]})_t)$; τ <u>majore</u> L <u>et est</u> $\underline{\underline{F}}$-<u>honnête</u>.

Démonstration : a) se démontre comme le point a') de la proposition (5,3) ; (5,20) s'établit de la même façon si l'on sait que $\underline{\underline{P}}^{\lambda} \mid]\!]0,+\infty[\![$ est engendrée par $\underline{\underline{P}} \mid]\!]0,+\infty[\![$ et les intervalles stochastiques $]\!]0,\lambda]\!]$ et $]\!]\lambda,\tau]\!]$; c'est ce que nous allons montrer.

Soit C la projection sur $\underline{\underline{O}}^L$ de $1_{]\!]0,\lambda]\!]}$; sur $\{\lambda < +\infty\}$, λ est la fin de l'ensemble (inclus dans $[\![0,L]\!]$) $\{C = 1\}$ (proposition (5,1-ii)) ; d'après la proposition (5,3-b'),

$$C\, 1_{[\![0,L[\![} = 1_{[\![0,L[\![}\, \frac{1}{Z^L}\, {}^{o}(1_{[\![0,\lambda]\!]} 1_{[\![0,L[\![})$$

$$= 1_{[\![0,L[\![}\, \frac{1}{Z^L}\, (\tilde{Z}^{\lambda} - {}^{o}(1_{[\![L]\!]} 1_{[\![\lambda]\!]})).$$

Soient alors $G = \{\tilde{Z}^{\lambda} = Z^L + {}^{o}(1_{[\![L]\!]} 1_{[\![\lambda]\!]})\}$, Λ le processus $\underline{\underline{P}}$-mesurable défini par $\Lambda_t = \sup(s < t,\ (\omega,s) \in G)$ et τ le $\underline{\underline{F}}^{\lambda}$-temps d'arrêt $\tau = \inf(s > \lambda,\ (\omega,s) \in G)$. $\{C = 1\} \cap [\![0,L[\![= G \cap [\![0,L[\![$; sur $]\!]\lambda,L]\!]$, $\Lambda = \lambda$; par suite τ majore L et $\Lambda = \lambda$ sur $]\!]\lambda,\tau]\!]$. τ est donc un $\underline{\underline{F}}^{L,\lambda}$-temps d'arrêt majorant L ; d'après la remarque (5,5) τ est $\underline{\underline{F}}^{L}$-honnête (majorant L) ; τ est donc $\underline{\underline{F}}$-honnête. En outre, avec $L_t = \sup(s < t,\ \tilde{Z}^L_s = 1)$, $\lambda = \Lambda_{L_t}$ sur $\{\tau < t\}$.

Le lemme (4,4-b) donne alors : soit H $\underline{\underline{P}}^{\lambda}$-mesurable, nul en 0, il existe J $\underline{\underline{P}}$-mesurable et K $\underline{\underline{R}}_+ \otimes \underline{\underline{P}}$-mesurable tels que $H_t = J_t\, 1_{\{0<t\leq\lambda\}} + 1_{\{\lambda<t\}}\, K(\lambda,t)$, soit : $H_t = J_t\, 1_{\{0<t\leq\lambda\}} + 1_{\{\lambda<t\leq\tau\}}\, K(\Lambda_t,t) + 1_{\{\tau<t\}}\, K(\Lambda_{L_t},t)$; les processus $K(\Lambda_{\cdot},\cdot)$ et $K(\Lambda_{L_{\cdot}},\cdot)$ sont $\underline{\underline{F}}$-prévisibles, d'où la proposition (5,18).

L étant $\underline{\underline{F}}$-honnête et λ $\underline{\underline{F}}^L$-honnête, le théorème (5,10) donne les inclusions : $\underline{\underline{M}}^r(\underline{\underline{F}}) \subset \underline{\underline{H}}^r(\underline{\underline{F}}^L) \subset \underline{\underline{H}}^r(\underline{\underline{F}}^{L,\lambda})$ $(r \geq 1)$ et $\underline{\underline{H}}^r(\hat{\underline{\underline{F}}}) \subset \underline{\underline{H}}^r(\underline{\underline{F}}^{L,\lambda})$ ($r \geq 1$; L est en effet $\underline{\underline{F}}^{\lambda}$-honnête) ; le théorème de Stricker montre alors que toute $\underline{\underline{F}}$-semi-martingale est une $\underline{\underline{F}}^{\lambda}$-semi-martingale, tandis que le corollaire (1,10) et l'inclusion $\underline{\underline{J}}(\underline{\underline{F}}^{\lambda}) \subset \underline{\underline{J}}(\underline{\underline{F}}^{L,\lambda})$ donnent : $\underline{\underline{H}}^r(\underline{\underline{F}}) \subset \underline{\underline{H}}^r(\underline{\underline{F}}^{\lambda})$ $(r \geq 1)$.

De la proposition (5,18), avec la même démonstration que pour le théorème (5,10), vient :

Corollaire (5,21) : soient L $\underline{\underline{F}}$-honnête et λ $\underline{\underline{F}}^L$-honnête.

a) $\underline{\underline{F}}^{L,\lambda}$ vérifie $\underline{\underline{H}}'$ et pour toute $\underline{\underline{F}}$-martingale locale X,

$$(5,19')\ X_t-\int_{0+}^{t\wedge L\wedge\lambda} \frac{1}{Z_{s-}^{L\wedge\lambda}}\, d<X,M^{L\wedge\lambda}>_s-\int_0^{t\wedge\lambda} 1_{\{L\wedge\lambda<s\}} \frac{1}{Z_{s-}^{\lambda}-Z_{s-}^{L\wedge\lambda}}\, d<X,M^{\lambda}-M^{L\wedge\lambda}>_s$$

$$-\int_0^{t\wedge L} 1_{\{L\wedge\lambda<s\}} \frac{1}{Z_{s-}^{L}-Z_{s}^{L\wedge\lambda}}\, d<X,M^L-M^{L\wedge\lambda}>_s+\int_0^t 1_{\{L\vee\lambda<s\}} \frac{1}{1-Z_{s-}^{L\vee\lambda}}\, d<X,M^{L\vee\lambda}>_s$$

est une $\underline{\underline{F}}^{L,\lambda}$-martingale locale.

b) $\underline{\underline{F}}^{\lambda}$ vérifie $\underline{\underline{H}}'$; en outre si $\lambda \leq L$, avec les notations de la proposition (5,18-b), pour toute $\underline{\underline{F}}$-martingale locale X,

$$(5,20')\ X_t - \int_{0+}^{t\wedge\lambda} \frac{1}{Z_{s-}^{\lambda}}\, d<X,M^{\lambda}>_s - \int_0^{t\wedge\tau} 1_{\{\lambda<s\}} \frac{1}{Z_{s-}^{\tau}-Z_{s-}^{\lambda}}\, d<X,M^{\tau}-M^{\lambda}>_s$$

$$+ \int_0^t 1_{\{\tau<s\}} \frac{1}{1 - Z_{s-}^{\tau}}\, d<X,M^{\tau}>_s$$

est une $\underline{\underline{F}}^{\lambda}$-martingale locale.

Par localisation on obtient immédiatement le

Corollaire (5,22) : soit $(L_n)_{n\in\mathbb{N}}$ une suite croissante de variables $\underline{\underline{F}}$-honnêtes telle que $L_0 = 0$ et $\sup_n L_n = +\infty$; $\underline{\underline{F}}^{(L_n)}$ est la plus petite filtration continue à droite contenant $\underline{\underline{F}}$ et faisant des $(L_n, n\in\mathbb{N})$ des temps d'arrêt.

a) Pour H mesurable nul en 0, la projection $\underline{\underline{F}}^{(L_n)}$-prévisible de H est

$$^{p-(L_n)}H = \sum_{i\geq 0} 1_{]\!]L_i,L_{i+1}]\!]}\ {}^{p}(H/1_{]\!]L_i,L_{i+1}]\!]}).$$

b) $\underline{\underline{F}}^{(L_n)}$ vérifie $\underline{\underline{H}}'$; pour toute $\underline{\underline{F}}$-martingale locale X,

$$X_t - \sum_{i\geq 0} \int_0^t 1_{\{L_i<s\leq L_{i+1}\}} \frac{1}{Z_{s-}^{L_{i+1}}-Z_{s-}^{L_i}}\, d<X,M^{L_{i+1}} - M^{L_i}>_s$$

est une $\underline{\underline{F}}^{(L_n)}$-martingale locale.

CHAPITRE VI. APPLICATIONS.

VI-1. Applications aux processus de Markov.

La proposition (4,8) et le lemme (5,7) permettent de retrouver très rapidement des résultats concernant les processus fortement markoviens (homogènes) ; il s'agit seulement de choisir de bonnes versions de projections optionnelles.

Le lemme (5,7) appliqué à un temps coterminal L (ou à un temps coterminal randomisé au sens de Millar [45]) donne immédiatement le théorème de Meyer-Smythe et Walsh ([38], [45]).

La proposition (4,8) permet de retrouver les conclusions de Pittenger et Shih [49], ainsi que les résultats de Millar [45] pour de nombreux temps coterminaux randomisés. Ce type d'application est à rapprocher des techniques développées par Maisonneuve [35] ou par El Karoui et Reinhard [12] ; diverses généralisations sont données par Getoor et Sharpe [20].

Dans ce paragraphe $(\Omega, \underline{\underline{F}}^{\circ}_{\infty}, (\underline{\underline{F}}^{\circ}_{t})_{t\geq 0}, X, \theta, (\mathbb{P}_x)_{x\in E})$ est la réalisation canonique (avec opérateur de translation θ et durée de vie ζ) d'un semi-groupe droit $(P_t)_{t\geq 0}$ ([18]) défini sur un espace métrique séparable E (muni de sa tribu borélienne $\underline{\underline{E}}$), auquel on adjoint un point cimetière δ.

Pour toute loi initiale m sur E, on note $\underline{\underline{F}}^{(m)}_{\infty}$ la complétée de $\underline{\underline{F}}^{\circ}_{\infty}$ sous $\mathbb{P}_m = \int_E m(dx)\,\mathbb{P}_x$, et $\underline{\underline{F}}^{(m)}_{t}$ la tribu engendrée par $\underline{\underline{F}}^{\circ}_{t}$ et les ensembles $\mathbb{P}_m$-négligeables de $\underline{\underline{F}}^{(m)}$; la filtration $\underline{\underline{F}}^{(m)}$ vérifie les conditions habituelles sous $\mathbb{P}_m$; enfin $\underline{\underline{F}}_{\infty} = \bigcap_m \underline{\underline{F}}^{(m)}_{\infty}$, $\underline{\underline{F}}_{t} = \bigcap_m \underline{\underline{F}}^{(m)}_{t}$.

$\underline{\underline{E}}^{*}_{\delta}$ (resp. $\underline{\underline{E}}^{e}_{\delta}$) est la tribu universellement mesurable sur $E_\delta = E \cup \{\delta\}$ (resp. la tribu engendrée par les fonctions 1-excessives). Si $(V^r)_{r>0}$ est la résolvante du semi-groupe (P_t), $\underline{\underline{E}}^{e}_{\delta}$ est aussi la tribu engendrée par $\{V^r f,\ r > 0,\ f\ \ \underline{\underline{E}}^{*}_{\delta}\text{-mesurable bornée}\}$. Rappelons que les fonctions $\underline{\underline{E}}^{e}_{\delta}$-mesurables sont presque boréliennes et que, pour toute fonction presque borélienne f, le processus f(X) est $\underline{\underline{F}}^{(m)}$-optionnel pour toute loi initiale m.

Définition (6,1) : i) soit L une variable aléatoire $\underline{\underline{F}}_{\infty}$-mesurable, positive, majorée par ζ ; on dit que L est un temps coterminal (parfait) si L est $\underline{\underline{F}}$-honnête et si pour tout réel positif t, $L\circ\theta_t = (L - t)_+$.

ii) Soient $(C, \underline{\underline{C}})$ un espace mesurable et $(L_c)_{c\in C}$ une famille de temps coterminaux telle que $(c,\omega) \to L_c(\omega)$ soit $\underline{\underline{C}} \otimes \underline{\underline{F}}$-mesurable.

Soit en outre H un processus $\underline{\underline{F}}$-progressif à valeurs dans $(C,\underline{\underline{C}})$. On dit qu'une variable aléatoire positive $\underline{\underline{F}}_\infty$-mesurable R est un temps coterminal randomisé (en abrégé t.c.r.) basé sur $((C,\underline{\underline{C}}), (L_c), H)$ si :

ii-1) R est $\underline{\underline{F}}$-honnête ;

ii-2) H est constant sur $[\![R,+\infty[\![$;

ii-3) $\{R \leq t\} = \{L_{H_t} \leq t\}$.

Millar ([45]) donne une foule d'exemples de t.c.r. (*) ; citons pour mémoire, dans le cas où X est à valeurs réelles, $R = \sup(t, X_t = \inf_{s\leq t} X_s)$ le dernier instant où X atteint son minimum ; dans ce cas,

$$(C,\underline{\underline{C}}) = (\mathbb{R},\underline{\underline{\mathbb{R}}}),\ L_c = \sup(t,\ X_t \text{ ou } X_{t-} \leq c),\quad H_t = \inf_{s\leq t} X_s.$$

On a alors le théorème de Meyer-Smythe et Walsh :

Théorème (6,2) : soit R un temps coterminal randomisé basé sur $((C,\underline{\underline{C}}), (L_c),H)$. Pour toute variable aléatoire U $\underline{\underline{F}}^o_\infty$-mesurable bornée, pour tout $(\underline{\underline{F}}_{R+t})_{t\geq 0}$-temps d'arrêt strictement positif τ et tout $s \geq 0$, on a sur $\{R + \tau < +\infty\}$:

$$E\left[U\circ\theta_{R+\tau+s} \,|\, \underline{\underline{F}}_{R+\tau}\right] = \{\mathbb{E}_x\left[U\circ\theta_s \,/\, L_c = 0\right]\}\Big|_{x = X_{R+\tau},\ c = H_R}.$$

En particulier, si R est un temps coterminal, $(X_{R+t}, t > 0)$ est fortement markovien par rapport à la filtration $(\underline{\underline{F}}_{R+t}, t > 0)$, de semi-groupe de transition $(K_t)_{t>0}$ défini par :

$$K_t f(x) = \mathbb{E}_x\left[f(X_t) \,/\, R=0\right] \qquad \text{si } \mathbb{P}_x\left[R = 0\right] > 0$$

$$= f(\delta) \qquad \text{si } \mathbb{P}_x\left[R = 0\right] = 0.$$

Démonstration : fixons une loi initiale m ; $R + \tau$ est un $\underline{\underline{F}}^{(m),R}$-temps d'arrêt strictement supérieur à la variable $\underline{\underline{F}}^{(m)}$-honnête R ; d'après le lemme (5,7), on a, sur $\{R+\tau < +\infty\}$:

$$E_m\left[U\circ\theta_{R+\tau+s} \,|\, \underline{\underline{F}}^{(m)}_{R+\tau}\right] = \frac{1}{1 - Z^R_{R+\tau}}\ {}^o(U\circ\theta_{s+\cdot}\ 1_{[\![R,+\infty[\![})_{R+\tau}.$$

(*) La définition des temps coterminaux randomisés donnée ci-dessus est un peu différente de celle donnée par Millar ; elle est mieux adaptée à notre propos.

Or pour tout $\underline{\underline{F}}^{(m)}$-temps d'arrêt S,

$$E_m\left[U\circ\theta_{s+S} \; ; \; R \leq S < +\infty\right] = E_m\left[U\circ\theta_s\circ\theta_S \; ; \; L_{H_S}(\theta_S) = 0 \; ; \; S < +\infty\right]$$

$$= E_m\left[\phi_U(X_S,H_S) \; ; \; S < +\infty\right] \quad \text{avec} \quad \phi_U(x,c) = \mathbb{E}_x\left[U\circ\theta_s \; ; \; L_c = 0\right].$$

ϕ_U est $\underline{\underline{\mathbb{E}}}_\partial^* \otimes \underline{\underline{C}}$-mesurable ; en outre si U est de la forme

$f_1 \circ X_{t_1} \; f_2 \circ X_{t_2} \ldots f_n \circ X_{t_n}$ avec $t_1 < t_2 < \ldots < t_n$ et $f_1, f_2, \ldots, f_n$ continues bornées sur E_∂, $P_t\, \phi_U(x,c) = \mathbb{E}_x\left[U\circ\theta_{s+t} \; ; \; L_c \leq t\right]$ tend vers $\phi_U(x,c)$ quand t décroit vers 0, $nV^n\phi_U$ tend vers ϕ_U quand n tend vers $+\infty$, si bien que ϕ_U est $\underline{\underline{E}}^e \otimes \underline{\underline{C}}$-mesurable ; par classe monotone, le même résultat reste valable pour U $\underline{\underline{F}}^o_\infty$-mesurable.

En particulier $\phi_U(X,H)$ est $\underline{\underline{F}}$-progressif (et serait $\underline{\underline{F}}$-optionnel si H était optionnel) et ${}^o(U\circ\theta_{s+}\, 1_{[\![R,+\infty[\![}) = {}^o(\phi_U(X,H))$.

De plus, d'après la condition ii-2) de la définition (6,1), $\phi_U(X,H_R)\, 1_{]\!]R,+\infty[\![} = \phi_U(X,H)\, 1_{]\!]R,+\infty[\![}$; $\phi_U(X,H)\, 1_{]\!]R,+\infty[\![}$ est donc $\underline{\underline{F}}^{(m),R}$-optionnel, soit, d'après la proposition (5,3) :

$$\phi_U(X,H_R)\, 1_{]\!]R,+\infty[\![} = 1_{]\!]R,+\infty[\![} \frac{1}{1 - Z^R}\; {}^o(\phi_U(X,H)\, 1_{]\!]R,+\infty[\![})$$

$$= 1_{]\!]R,+\infty[\![}\; {}^o(\phi_U(X,H))$$

(en effet, si γ est un processus $\underline{\underline{F}}$-progressif et δ un processus mesurable ${}^o(\gamma\delta) = {}^o\gamma\; {}^o\delta$; en outre $\tilde{Z}^R = Z^R$ sur $]\!]R,+\infty[\![$ d'après le lemme (5,2)) ; avec $U = 1$, on obtient :

$$1_{]\!]R,+\infty[\![}(1 - Z^R) = 1_{]\!]R,+\infty[\![}\{\mathbf{P}_x[L_c = 0]\}_{\,x = X,\ c = H_R}.$$

La fin de l'énoncé du théorème (6,2) correspond au cas où C est réduit à un point.

La proposition (4,8) donne de même le

<u>Théorème (6,3)</u> (Pittenger-Shih [49]) : <u>Soit</u> L <u>un temps coterminal ; notons</u> $\ell(x) = \mathbf{P}_x[L = 0]$. <u>On a, pour toute variable</u> $\underline{\underline{F}}^o_\infty$<u>-mesurable bornée</u> U :

a) sur $\{L < +\infty\}$, pour tout $v \geq 0$:

$$E\left[U\circ\theta_{L+v} \mid \underline{\underline{F}}_L\right] = 1_{\{\ell(X_L) \neq 0\}} E_{X_L}\left[U\circ\theta_v \mid L = 0\right]$$

$$+ 1_{\{\ell(X_L) = 0\}} \lim_{\substack{u \downarrow\downarrow 0 \\ u \in Q}} E_{X_L}\left[U\circ\theta_{L+v} \mid 0 < L \leq u, \ell(X_L) = 0\right].$$

En particulier, sur $\{L < +\infty\}$, $\underline{\underline{F}}_L$ et $\{X_{L+t}, t \geq 0\}$ sont conditionnellement indépendants sachant X_L.

b) pour tout $t > 0$, sur $\{L < t\}$,

$$E\left[U\circ\theta_t \mid \underline{\underline{F}}_L\right] = 1_{\{\ell(X_L) \neq 0\}} \{\mathbb{E}_x\left[U\circ\theta_s \mid L = 0\right]\}_{x = X_L,\ s = t-L}$$

$$+ 1_{\{\ell(X_L) = 0\}} \limsup_{\substack{u \downarrow\downarrow 0 \\ u \in Q}} \mathbb{E}_x\left[U\circ\theta_s \mid 0 < L \leq u, \ell(X_L) = 0\right]\}_{x = X_L,\ s = t-L}.$$

Démonstration : on applique la formule (4,9) de la proposition (4,8), en remarquant : $\tilde{Z}^L_L = 1$ sur $\{L < +\infty\}$ (L est $\underline{\underline{F}}$-honnête), $Z^L = 1 - \ell(x)$ et

$$G^u_t = 1_{\{t < L \leq t+u\}} = 1_{\{0 < L\circ\theta_t \leq u\}}.$$

On montre en outre, comme pour la démonstration du théorème (6,2), que pour U $\underline{\underline{F}}^0_\infty$-mesurable bornée et s,u,v réels positifs, $x \to \mathbb{E}_x\left[U\circ\theta_{L+v} ; 0<L\leq u ; \ell(X_L) = 0\right]$ et $x \to \mathbb{E}_x\left[U\circ\theta_s ; 0 < L \leq u ; \ell(X_L) = 0\right]$ sont $\underline{\underline{E}}^e_\delta$-mesurables.

Enfin $^o(U\circ\theta_{L+v}\, 1_{\{\ell(X_L)=0\}} G^u) = {}^o(\left[U\circ\theta_{L+v}\, 1_{\{\ell(X_L)=0, 0<L\leq u\}}\right]\circ\theta_.)$

$$= \mathbb{E}_X\left[U\circ\theta_{L+v} ; 0<L\leq u ; \ell(X_L) = 0\right],$$

tandis que sur $]\!]t,+\infty[\![$,

$$^o(U\circ\theta_t\, 1_{\{\ell(X_L)=0\}}\, 1_{\{0<L\circ\theta_. \leq u\}}) = \mathbb{E}_X\left[U\circ\theta_{t-.} ; 0<L\leq u ; \ell(X_L) = 0\right].$$

Quitte à introduire un compactifié de Ray on pourrait étudier de même les espérances conditionnelles par rapport à $\underline{\underline{F}}_{L-}$; nous n'insisterons pas sur ce point.

Le théorème (6,3) se généralise à certains temps coterminaux randomisés. En plus des conditions ii) de la définition (6,1), nous faisons sur $\mathbb{R}$ les hypothèses supplémentaires suivantes (la dernière étant purement technique) :

iii-1) H est $\underline{\underline{F}}$-optionnel et $R = L_{H_R}$;

iii-2) il existe une application $\gamma : C \times C \to C$ mesurable, commutative (i.e. $\gamma(c,c') = \gamma(c',c)$), associative $(\gamma(c,\gamma(c',c'')) = \gamma(\gamma(c,c'),c''))$ telle que : pour tout $s > 0$ et tout t, $H_{t+s} = \gamma(H_t, H_s \circ \theta_t)$;

iii-3) soit $\phi_1(x,c) = \mathbb{P}_x[L_c = 0]$, et pour f borélienne bornée sur E_δ, $s \in \mathbb{R}_+$, $u > 0$ et (x,c) $E_\delta \times C$, notons

$$\psi_f(s,u,x,c) = \mathbb{E}_x\left[f(X_{s+L_{\gamma(c,H_u)}}) ; \phi_1(X_{L_{\gamma(c,H_u)}}, \gamma(c,H_u)) = 0 ; 0 < L_{\gamma(c,H_u)} \leq u\right].$$

On suppose que pour tout $s \in \mathbb{R}_+$ et tout $u > 0$, pour toute loi initiale m, $\psi_f(s,u,X,H)$ est $\mathbb{P}_m$-indistinguable d'un processus $\underline{F}^{(m)}$-optionnel.

Notons enfin $\phi_f(s,x,c) = \mathbb{E}_x[f(X_s) ; L_c = 0]$

et $\psi_1(u,x,c) = \psi_1(s,u,x,c)$ pour tout $s \geq 0$.

On a alors la

Proposition (6,4) : ([45], [20]) : R étant un t.c.r. vérifiant les hypothèses iii) ci-dessus, sur $\{R < +\infty\}$, $(X_{R+t}, t \geq 0)$ est indépendant de $\underline{F}_R$, conditionnellement à (X_R, H_R).

En outre, avec les notations de iii-3), pour f borélienne bornée et $t > 0$,

$$E[f(X_{R+t}) | \underline{F}_R] = 1_{\{\phi_1(X_R,H_R) \neq 0\}} \frac{\phi_f(t,X_R,H_R)}{\phi_1(X_R,H_R)} + 1_{\{\phi_1(X_R,H_R) = 0\}} \lim_{\substack{u \downarrow\downarrow 0 \\ u \in \mathbb{Q}}} \frac{\psi_f(t,u,X_R,H_R)}{\psi_1(u,X_R,H_R)}.$$

Avant de démontrer cette proposition, faisons quelques remarques sur les hypothèses : iii-1) implique que $Z^R = 1 - \phi_1(X,H)$ est indépendant de la loi initiale (voir la démonstration du théorème (6,2)).

iii-2) suit une suggestion de J. Azéma et M. Yor ; le processus $(X_t, H_t)_{t>0}$, à valeurs dans $E_\delta \times C$, est fortement markovien par rapport à la filtration $\underline{F}$, de semi-groupe de translation $(Q_t)_{t>0}$: $Q_t f(x,c) = \mathbb{E}_x[f(X_t, \gamma(c,H_t))]$; cette propriété est utilisée par Getoor et Sharpe [20].

Démonstration de la proposition (6,4) : fixons une loi initiale m (les projections sont alors relatives à la mesure $\mathbb{P}_m$ et à la filtration $\underline{F}^{(m)}$). X_R et H_R sont $\underline{F}_R^{(m)}$-mesurables (hypothèse iii-1)) d'après le théorème (6,2), pour avoir l'indépendance conditionnelle annoncée, il suffit de montrer que pour tous $t > 0$ et f

borélienne bornée, $\mathbb{E}_m\left[f(X_{R+t})|\underline{\underline{F}}_R^{(m)}\right] = \mathbb{E}_m\left[f(X_{R+t})|\sigma(X_R,H_R)\right]$.

D'après la proposition (4,8), sur $\{R < +\infty\}$, $\mathbb{E}_m\left[f(X_{R+t})|\underline{\underline{F}}_R^{(m)}\right]$ s'écrit :

$$1_{\{\phi_1(X_R,H_R)\neq 0\}} \frac{{}^o(f(X_{R+t})\, 1_{]\![R]\!]})_R}{1 - Z_R^R} + 1_{\{\phi_1(X_R,H_R)=0\}} \lim_{\substack{u\downarrow\downarrow 0\\ u\in Q}} {}^o(f(X_{R+t})/Y^u)_R$$

où Y^u est le processus $Y_t^u = 1_{\{\phi_1(X_R,H_R)=0\}}\, 1_{\{t < R \leq t+u\}}$.

D'après la propriété de Markov forte, on peut écrire pour tout $\underline{\underline{F}}^{(m)}$-temps d'arrêt S :

$$\mathbb{E}_m\left[f(X_{R+t})\, Y_S^u \; ; \; S < +\infty\right] = \mathbb{E}_m\left[f(X_{R+t}) \; ; \; \phi_1(X_R,H_R) = 0 \; ; \; S < R \leq u+S\right]$$

$$= \mathbb{E}_m\left[f(X_{t+L_{H_{u+S}}}) \; ; \; \phi_1(X_{L_{H_{u+S}}},H_{u+S}) = 0 \; ; \; S < L_{H_{u+S}} \leq u+S < +\infty\right]$$

$$= \mathbb{E}_m\left[\{f(X_{t+L_{\gamma(c,H_u)}}) \; ; \phi_1(X_{L_{\gamma(c,H_u)}},\gamma(c,H_u))=0 \; ; \; 0 < L_{\gamma(c,H_u)} \leq u\}\circ\theta_S\Big|_{c=H_S} \; ; \; S < +\infty\right]$$

$$= \mathbb{E}_m\left[\psi_f(t,u,X_S,H_S) \; ; \; S < +\infty\right] \; ;$$

iii-3) implique : $\psi_f(t,u,X_R,H_R) = {}^o(f(X_{R+t})Y^u)_R$ sur $\{R < +\infty\}$.

Pour S $\underline{\underline{F}}^{(m)}$-temps d'arrêt, on obtient de même :

$\mathbb{E}_m\left[f(X_{R+t}) \; ; \; R=S < +\infty\right] = \mathbb{E}_m\left[f(X_{S+t}) \; ; \; \tilde{Z}_S^R = 1 \; ; \; R \leq S < +\infty\right]$

$= \mathbb{E}_m\left[f(X_t)\circ\theta_S \; ; \; \tilde{Z}_S^R = 1 \; ; \; L_{H_S}(\theta_S) = 0, \; S < +\infty\right]$

$= \mathbb{E}_m\left[\phi_f(t,X_S,H_S) \; ; \; \tilde{Z}_S^R = 1 \; ; \; S < +\infty\right]$.

$1_{\{\tilde{Z}^R = 1 > Z^R\}}\, \phi_f(t,X,H) = 1_{\{\tilde{Z}^R = 1\}}\, \phi_f(t,X,H)$ est un processus $\underline{\underline{F}}^{(m)}$-progressif ;

$\{W \neq 0\}$ est inclus dans l'ensemble optionnel mince $\{\tilde{Z}^R > Z^R\}$; W est donc $\underline{\underline{F}}^{(m)}$-optionnel et on a : ${}^o(f(X_{R+t})\, 1_{[\![R]\!]})_R = \phi_f(t,X_R,H_R)$, d'où la proposition (6,4).

Revenons un instant sur l'hypothèse iii-3) ; notons $\underline{\underline{F}}_\infty^e$ la tribu engendrée sur Ω par le processus X quand on munit E_δ de la tribu $\underline{\underline{E}}_\delta^e$; supposons que $(c,\omega) \to L_c(\omega)$ soit $\underline{\underline{C}} \otimes \underline{\underline{F}}^e$-mesurable et que pour tout $u > 0$, H_u soit $\underline{\underline{F}}_\infty^e$-mesurable ; sous iii-1) et iii-2), iii-3) est vérifiée.

Dans ce cas en effet, pour f borélienne positive sur E, $s \in \mathbb{R}_+$ et $u > 0$,

$(c,\omega) \to \Phi(c,\omega) = f(X_{s+L_{\gamma(c,H_u)}})(\omega)\ 1_{\{0 < L_{\gamma(c,H_u)} \leq u\}}(\omega)$

est $\underline{\underline{C}} \otimes \underline{\underline{F}}^e_\infty$-mesurable. Par ailleurs, si W est une variable $\underline{\underline{F}}^e_\infty$-mesurable bornée, $x \to \mathbb{E}_x[W]$ est $\underline{\underline{E}}^e_\delta$-mesurable (le résultat est immédiat si W est de la forme $V^{r_1} f_1(X_{t_1}) \ldots V^{r_n} f_n(X_{t_n})$ avec $f_1,\ldots,f_n$ $\underline{\underline{E}}^*_\delta$-mesurables bornées, $r_1,\ldots,r_n$ réels strictement positifs, $t_1,\ldots,t_n$ réels positifs et s'étend à $\underline{\underline{F}}^e_\infty$ par classe monotone).

Pour $g : (x,c) \to g(x,c)$ $\underline{\underline{E}}^e_\delta \otimes \underline{\underline{C}}$-mesurable, notons alors : $G_g(x,c) = \mathbb{E}_x[\Phi(c,\cdot)\ g(X_{L_{\gamma(c,H_u)}}, \gamma(c,H_u))]$; pour toute loi initiale m, $G_g(X,H)$ est $\mathbb{P}_m$-indistinguable d'un processus $\underline{\underline{F}}^{(m)}$-optionnel : il suffit de le montrer pour g de la forme $g(x,c) = p(c)\ q(x)$ où p est $\underline{\underline{C}}$-mesurable positive et q $\underline{\underline{E}}^e_\delta$-mesurable positive (donc presque borélienne) ; m étant fixée, il existe q_1 et q_2 boréliennes sur E telles que $\{q_1 < q_2\}$ soit m-évanescent et $q_1 \leq q \leq q_2$; on a de plus : $G_{pq_1} \leq G_{pq} \leq G_{pq_2}$ et G_{pq_i} est $\underline{\underline{E}}^e_\delta \otimes \underline{\underline{C}}$-mesurable d'après les considérations précédentes $(i = 1,2)$; $G_{pq_i}(X,H)$ est donc $\underline{\underline{F}}^{(m)}$-optionnel ; en outre, pour tout $\underline{\underline{F}}^{(m)}$-temps d'arrêt S,

$$\mathbb{E}_m[G_{pq_i}(X_S,H_S)\ ;\ S < +\infty] = \mathbb{E}_m[f(X_{S+R})\ p(H_R)\ q(X_R)\ ;\ S < R \leq S+u]\ ;$$

les trois processus $G_{pq_1}(X,H)$, $G_{pq}(X,H)$ et $G_{pq_2}(X,H)$ sont donc $\mathbb{P}_m$-indistinguables, d'où iii-3).

Si X est à valeurs réelles, les hypothèses de la proposition (6,4) sont vérifiées par l'instant R du dernier minimum de X : $(C,\underline{\underline{C}}) = (\mathbb{R},\underline{\underline{R}})$,

$L_c = \sup(t, X_t \text{ ou } X_{t-} \leq c)$ $\quad((c,\omega) \to L_c(\omega)$ est $\underline{\underline{R}} \otimes \underline{\underline{F}}^o_\infty$-mesurable)

$H_t = \inf\limits_{s \leq t} X_s$ est $\underline{\underline{F}}$-optionnel et il suffit de prendre $\gamma(c,c') = \inf(c,c')$ (cf. Williams [56] ou Millar [45]).

La proposition (6,4) ne concerne que le conditionnement par rapport à $\underline{\underline{F}}_R$ pour des temps coterminaux randomisés d'un type particulier.

R étant toujours un t.c.r., le théorème (6,2) montre que $\underline{\underline{F}}^{(m)}_{R+t}$ ($= \underline{\underline{F}}^{(m)}_{R+t+}$ d'après le lemme (5,7)) et la tribu $\sigma(X_{R+s}, s \geq t)$ sont conditionnellement indépendantes sachant H_R et X_{R+t} $(t > 0)$; le théorème de convergence des martingales montre alors que $\underline{\underline{F}}_{R+}$ et $\sigma(X_{R+s}, s \geq 0)$ sont conditionnellement indépendantes sachant

$$\bigcap_{s>0} \sigma(H_R, X_{R+t}, 0 \leq t \leq s).$$

Ce résultat peut être amélioré dans des cas particuliers, par exemple :

<u>Proposition (6,5)</u> : <u>soit</u> R <u>un t.c.r. basé sur</u> $((C,\underline{\underline{C}}),(L_c),H)$ <u>et supposons que le graphe de</u> R <u>soit inclus dans un ensemble</u> $\underline{\underline{F}}$<u>-optionnel mince. Alors</u> $\underline{\underline{F}}_{R+}$ <u>et</u> $\sigma(X_{R+s}, s \geq 0)$ <u>sont conditionnellement indépendantes sur</u> $\{R < +\infty\}$ <u>sachant</u> (X_R, H_R).

<u>Démonstration</u> : m étant une loi initiale fixée, soit $(T_n)_{n\in\mathbb{N}}$ une suite de $\underline{\underline{F}}^{(m)}$-temps d'arrêt, à graphes disjoints épuisant $\{\tilde{Z}^R = 1 > Z^R\}$; par hypothèse, on a : $[\![R]\!] \subset \bigcup_n [\![T_n]\!]$; d'après la proposition (5,9), on a : $\underline{\underline{F}}^{(m)}_R = \underline{\underline{F}}^{(m)}_{R+}$; de plus H peut être choisi $\underline{\underline{F}}^{(m)}$-optionnel et $1 - Z^R = \mathbb{P}_X[L_c = 0]\Big|_{c=H}$, tandis que pour U $\underline{\underline{F}}^{o}_{\infty}$-mesurable, ${}^{o}(U\circ\theta_R\, 1_{[\![R]\!]}) = \sum_n 1_{[\![T_n]\!]} E[U\circ\theta_{T_n}\, 1_{\{R = T_n\}} | \underline{\underline{F}}^{(m)}_{T_n}]$

$$= \sum_n 1_{[\![T_n]\!]}\, 1_{\{\tilde{Z}^R_{T_n} = 1\}}\, E[U\circ\theta_{T_n}\, 1_{\{R \leq T_n\}} | \underline{\underline{F}}^{(m)}_{T_n}]$$

$$= 1_{\{\tilde{Z}^R > Z^R\}} \sum_n 1_{[\![T_n]\!]} \{\mathbb{E}_{X_{T_n}}[U ; L_c = 0]\}\Big|_{c = H_{T_n}}$$

$(\{R \leq T_n\} = \{L_{H_{T_n}}(\theta_{T_n}) = 0\})$.

La proposition (5,9) donne alors : sur $\{R < +\infty\}$,

$$E[U \circ \theta_R | \underline{\underline{F}}^{(m)}_R] = \{\mathbb{E}_x[U / L_c = 0]\}_{x = X_R, c = H_R},$$

d'où la proposition (6,5).

Remarque : nous ne nous sommes intéressés ci-dessus qu'à des temps coterminaux (éventuellement randomisés). Barlow ([5]) étudie le cas général des variables honnêtes : soient m une loi initiale (fixée) et L une variable honnête ; plaçons nous sur $\{L < +\infty\}$ et considérons une sous tribu $\underline{\underline{H}}$ de $\underline{\underline{F}}_{L+}^{(m)}$ (contenant les ensembles $\mathbb{P}_m$-négligeables de $\underline{\underline{F}}_{\infty}^{(m)}$) telle que $\underline{\underline{F}}_{L+}^{(m)}$ et $\sigma(X_{L+s}, s \geq 0)$ soient conditionnellement indépendantes sachant $\underline{\underline{H}}$; Barlow montre que les processus $(Z_{L+t}^{L}, t \geq 0)$ et $(<N,M^L>_{L+t} - <N,M^L>_L, t \geq 0)$ (où N est une martingale locale fonctionnelle additive à sauts bornés) sont adaptés à la filtration $(\underline{\underline{H}}_t)_{t \geq 0}$ où $\underline{\underline{H}}_t = \bigcap_{u > t} (\underline{\underline{H}} \vee \sigma(X_{L+s}, 0 \leq s \leq u))$; cette propriété est caractéristique tout au moins lorsque X est un processus de Hunt.

VI-2. Décomposition de Williams des trajectoires browniennes.

Les décompositions de Williams des diffusions réelles ([55], [56]) ont motivé notre étude des grossissements successifs de filtrations ; pour illustrer les formules établies au chapitre V, nous nous attachons à démontrer complètement dans ce paragraphe un résultat de Williams concernant le mouvement brownien.

Nous reprenons les notations introduites dans les exemples du chapitre III : X est un $\underline{\underline{F}}$-mouvement brownien nul en O, $S_t = \sup_{s \leq t} X_s$, L^0 est le temps local en O de la $\underline{\underline{F}}$-martingale X ; pour y réel, T_y désigne le temps d'atteinte de y par X.

σ est la fin de l'ensemble $\underline{\underline{F}}$-optionnel $\{X = 0\} \cap [\![0, T_1]\!]$;

ρ est la fin de l'ensemble $\underline{\underline{F}}^{\sigma}$-optionnel $\{X = S\} \cap [\![0, \sigma]\!]$;

On se trouve ainsi, avec σ et ρ, sous les hypothèses du corollaire (5,21), que l'on va utiliser pour obtenir des formules de décomposition canonique de la semi-martingale X par rapport aux filtrations $\underline{\underline{F}}^{\sigma}$, $\underline{\underline{F}}^{\sigma,\rho}$ et $\underline{\underline{F}}^{\rho}$. Ces formules, après étude de quelques propriétés des processus de Bessel, nous amèneront au :

Théorème (6,6) ([55]) : supposons définis sur un espace probabilisé quatre éléments aléatoires indépendants :

- une variable aléatoire α uniformément distribué sur $[0,1]$;
- un mouvement brownien W issu de 0 ;
- deux processus de Bessel d'ordre 3, R et R', issus de 0.

Notons : $\overline{\rho} = \inf(t, W_t = \alpha)$

$\overline{\sigma} = \overline{\rho} + \sup(t, R_t = \alpha)$

$\overline{T} = \overline{\sigma} + \inf(t, R'_t = 1)$

et $\overline{W}_t = W_t 1_{\{t < \overline{\rho}\}} + 1_{\{\overline{\rho} \leq t < \overline{\sigma}\}} (\alpha - R_{t-\overline{\rho}}) + 1_{\{\overline{\sigma} \leq t < \overline{T}\}} R'_{t-\overline{\sigma}} + 1_{\{\overline{T} \leq t\}}$.

Alors : $\{W, \alpha, \overline{\rho}, \overline{\sigma}, \overline{T}\}$ a même loi que $\{X_{T_1 \wedge \cdot}, X_\rho, \rho, \sigma, T_1\}$.

VI-2-1) Formules explicites liées au grossissement.

Faisons une remarque préliminaire (dûe à Brémaud et Yor) :

Proposition (6,7) ([6], [39]) : soit $\underline{\underline{C}}$ une sous filtration de $\underline{\underline{F}}$ (vérifiant les conditions habituelles). On suppose vérifiée la propriété $\underline{\underline{H}}$:

$\underline{\underline{H}}$: Toute $\underline{\underline{C}}$-martingale locale est une $\underline{\underline{F}}$-martingale locale.

1) Pour tout processus H $\mathbb{R}_+ \otimes \underline{\underline{C}}$-mesurable borné, on a :

$$^{o-\underline{\underline{C}}}H = {}^{o-\underline{\underline{F}}}H, \quad {}^{p-\underline{\underline{C}}}H = {}^{p-\underline{\underline{F}}}H.$$

2) Soit L une variable aléatoire $\underline{\underline{C}}_\infty$-mesurable positive. Pour tout processus mesurable positif H, on a :

$$(6,8) \quad E\left[{}^{o-\underline{\underline{C}}}H_L \ ; L < +\infty\right] = E\left[{}^{o-\underline{\underline{F}}}H_L \ ; L < +\infty\right].$$

Si les $\underline{\underline{C}}$-martingales locales sont continues, on a donc :

$$\tilde{Z}^L = Z^L_- \ \text{sur} \ ]\!]0,+\infty[\![, \quad \tilde{A}^L = A^L \ \text{et} \ M^L = \tilde{M}^L + (1 - Z^L_0).$$

3) Soit X un $\underline{\underline{F}}$-mouvement brownien (non nécessairement nul en 0) ; notons $\underline{\underline{X}} = (\underline{\underline{X}}_t)_{t \in \mathbb{R}_+}$ la filtration (dûment complétée) engendrée par le processus X.

Les $\underline{\underline{X}}$-martingales locales sont continues et $\underline{\underline{H}}$ est vérifiée si $\underline{\underline{C}}$ est la filtration $\underline{\underline{X}}$.

Démonstration : 1) Par classe monotone, on se ramène à montrer le résultat pour H de la forme $H_t(\omega) = f(t)\, w(\omega)$ avec f mesurable sur $\mathbb{R}_+$ et w $\underline{\underline{C}}_\infty$-mesurable bornée, et même au cas où $H_t(\omega) = w(\omega)$ (avec w $\underline{\underline{C}}_\infty$-mesurable bornée). Soit W (resp. W') une version continue à droite, limitée à gauche de la $\underline{\underline{C}}$-martingale $E[w|\underline{\underline{C}}_t]$ (resp. de la $\underline{\underline{F}}$-martingale $E[w|\underline{\underline{F}}_t]$) ;

$$^{o-\underline{\underline{C}}}H = W, \quad {}^{p-\underline{\underline{C}}}H = W_-, \quad {}^{o-\underline{\underline{F}}}H = W', \quad {}^{p-\underline{\underline{F}}}H = W'_- \ ;$$

w est $\underline{\underline{C}}_\infty$-mesurable, d'où $w = W_\infty = \lim\limits_{t \to +\infty} W_t$.

$\underline{\underline{H}}$ étant vérifiée, W est une $\underline{\underline{F}}$-martingale uniformément intégrable, d'où $W_t = E[W_\infty|\underline{\underline{F}}_t] = W'_t$ p.s. pour tout t.

Les deux processus (càdlàg) W et W' sont donc indistinguables, c.q.f.d.

2) Par classe monotone, on se ramène à montrer (6,8) pour H de la forme $H_t(\omega) = f(t)\,w(\omega)$ avec f continue bornée sur $\mathbb{R}_+$, w $\underline{\underline{A}}$-mesurable bornée. Avec W (resp. W') version continue à droite de la $\underline{\underline{C}}$-martingale $E[w|\underline{\underline{C}}_t]$ (resp. de la $\underline{\underline{F}}$-martingale $E[w|\underline{\underline{F}}_t]$) on veut donc montrer :

(6,8') $E[f(L)W_L \; ; \; L < +\infty] = E[f(L)W'_L \; ; \; L < +\infty]$.

Il suffit par convergence dominée de montrer la même égalité en remplaçant L par ses approximations dyadiques supérieures ; on peut ensuite se limiter à montrer (6,8') lorsque $L = u1_A + \infty\, 1_{A^c}$ (u réel positif, A $\underline{\underline{C}}_\infty$-mesurable) (et on peut alors supposer f constante). Soit $\alpha_t = P[A|\underline{\underline{C}}_t] = P[A|\underline{\underline{F}}_t]$ (voir 1)). On a :

$$E[W'_u \; ; \; A] = E[W'_u\, \alpha_u] = E[w\alpha_u] = E[W_u\, \alpha_u] = E[W_u \; ; \; A],$$

d'où (6,8).

Si les $\underline{\underline{C}}$-martingales sont continues, les tribus $\underline{\underline{C}}$-optionnelle et $\underline{\underline{C}}$-prévisible coïncident ; d'après (6,8), $\tilde{A}^L = A^L$ et $\tilde{Z}^L = Z^L_-$ sur $]\!]0,+\infty[\![$; d'après le lemme (5,17), $\tilde{M}^L - \tilde{M}^L_\theta = M^L - M^L_0$; $M^L_0 = 1$, $\tilde{M}^L_0 = Z^L_0$.

3) D'après ([39] -III- théorème 10) toute $\underline{\underline{X}}$-martingale bornée M est de la forme $M = M_0 + H\cdot X$, où M_0 est $\underline{\underline{X}}_0$-mesurable et $\underline{\underline{H}}$ est X-prévisible nul en 0 et tel que $E[\int_0^\infty H_s^2\, ds]$ soit fini. Toute $\underline{\underline{X}}$-martingale bornée est continue et est une $\underline{\underline{F}}$-martingale ; les mêmes propriétés s'étendent par densité aux éléments de $\underline{\underline{M}}^1(\underline{\underline{X}})$, puis par localisation aux $\underline{\underline{X}}$-martingales locales.

Dans la situation présente (avec $X_0 = 0$), σ et ρ sont, bien sur, $\underline{\underline{X}}_\infty$-mesurables.

VI-2-1-a) Calculs relatifs à $\underline{\underline{F}}^\sigma$.

Pour y et z réels tels que $y < z$, on a, avec la convention $0/0 = 0$: $P[T_y < T_z] = \dfrac{z^+}{z^+ + y^-}$. Pour tout $\underline{\underline{F}}$-temps d'arrêt T, on a :

$$E[Z^\sigma_T \; ; \; T < +\infty] = P[T < \sigma] = P[\exists s \; ; \; T < s < T_1,\ X_s = 0] = E[1 - X^+_{T\wedge T_1}].$$

Z^σ <u>est donc le processus continu</u> $1_{[\![0,T_1]\!]}(1 - X^+)$. De $Z^\sigma_0 = 1$ on déduit $\tilde{Z}^\sigma = Z^\sigma$. D'après la formule de Tanaka, on a : $X^+_t = \int_0^t 1_{\{X_s > 0\}}\, dX_s + \frac{1}{2} L^0_t$. D'où :

$$(6,9)\quad \begin{cases} M_t^\sigma = 1 - \int_0^{t\wedge T_1} 1_{\{X_s>0\}} dX_s \\ \\ A_t^\sigma = \frac{1}{2} L^0_{t\wedge T_1}. \end{cases}$$

Le théorème (5,10) donne alors :

$$(6,10)\quad X_t = \overline{X}_t + \int_0^{t\wedge\sigma} \frac{1}{1-X_u} 1_{\{X_u>0\}} du + \int_0^{t\wedge T_1} 1_{\{\sigma<u\}} \frac{1}{X_u} du,$$

où $\overline{X}$ est une $\underline{\underline{F}}^\sigma$-martingale locale continue, vérifiant $[\overline{X},\overline{X}]_t = [X,X]_t$ (= t), i.e. $\overline{X}$ est un $\underline{\underline{F}}^\sigma$-mouvement brownien.

VI-2-1-b) Calculs relatifs à $\underline{\underline{F}}^{\sigma,\rho}$.

Etudions d'abord la loi de $S_\rho = X_\rho = S_\sigma$; on a : $0 \leq X_\rho \leq 1$, et pour $0 \leq a \leq 1$, $P[S_\rho \geq a] = P[T_a < \sigma] = E[Z_{T_a}] = 1 - a$.

X_ρ est uniformément distribuée sur $[0,1]$.

Pour tout $\underline{\underline{F}}$-temps d'arrêt T majoré par T_1, $P[T < \rho] = P[T' < \sigma]$, où T' est le $\underline{\underline{F}}$-temps d'arrêt $T' = \inf(t > T, X_t \geq S_T)$; de $T' \leq T_1$ et $X^+_{T'} = S_T$ vient : $P[T < \rho] = E[1 - X^+_{T'}] = 1 - E[S_T]$.

Z^ρ est le processus décroissant continu $1_{[\![0,T_1]\!]}(1 - S)$.

($Z_0^\rho = 1$ d'où $\tilde{Z}^\rho = Z^\rho$). Par suite :

$$(6,11)\quad M^\rho = 1,\quad A_t^\rho = S_{T_1\wedge t}.$$

Du corollaire (5,21-a), appliqué à $\lambda = \rho$ et $L = \sigma$ vient :

$$(6,12)\quad X_t^\rho = X_t - \int_0^{t\wedge\sigma} 1_{\{\rho<u\}} 1_{\{X_u>0\}} \frac{du}{X_\rho - X_u} + \int_0^{t\wedge T_1} 1_{\{\sigma<u\}} \frac{1}{X_u} du,$$

où $\hat{X}$ est un $\underline{\underline{F}}^{\sigma,\rho}$-mouvement brownien (même raisonnement qu'en a)).

VI-2-1-c) Indépendance de $\tilde{X}$ et X_ρ.

On vient de voir que $Z_t^\rho = 1 - S_{t\wedge T_1}$; pour tout $\underline{\underline{F}}$-temps d'arrêt T, on a : $P[\rho = T] = 0$; en outre :

$$\int_0^{t\wedge\rho} \frac{1}{Z^\rho_{s-}} dA_s^\rho = \int_0^{t\wedge\rho} \frac{1}{1-S_u} dS_u = \mathrm{Log}(1 - S_{t\wedge\rho}) ;$$

d'après (4,16') et la proposition (3,28) on a donc :

$\rho = \inf(t,\ S_t = S_\rho) = \inf(t,\ X_t = X_\rho)$

et $X_{t\wedge\rho}$ ($= \tilde{X}_{t\wedge\rho}$) est une $\underline{\underline{F}}^{\sigma(X_\rho)}$-martingale locale ; le $\underline{\underline{F}}^{\sigma,\sigma(X_\rho)}$-mouvement brownien $\tilde{X}$ est donc indépendant de X_ρ.

VI-2-1-d) Calculs relatifs à $\underline{\underline{F}}^\rho$.

On applique maintenant le corollaire (5,21-b), avec $\lambda = \rho$ et $L = \sigma$, ce qui nous conduit à introduire la variable honnête

$\tau = \inf(t > \rho,\ Z^\rho_t = Z^\sigma_t) = \inf(t > \rho,\ X_t = S_t)$.

Il nous reste à déterminer $\tilde{Z}^\tau$ et M^τ ; d'après la proposition (5,18-b) τ majore σ ; puisque $X_\sigma = 0 < S_\sigma$, $P[\sigma < \tau]$ vaut 1, si bien que $\tau = \inf(t > \sigma,\ X_t = S_t)$.

Introduisons les processus $\underline{\underline{X}}$-prévisibles auxiliaires suivants :
$\sigma_t = \sup(s < t,\ Z^\sigma_s = 1) = \sup(s < t,\ s \leq T_1 \text{ et } X_s = 0)$, $\lambda_t = \sup(s < t,\ S_s = X_s)$ et $U_t = 1_{\{\lambda_t > \sigma_t\}} 1_{\{t \leq T_1\}}$; de l'égalité $1_{[\![0,\tau]\!]} = 1_{[\![0,\sigma]\!]} + 1_{]\!]\sigma,T_1]\!] \cap \{\lambda_. \leq \sigma_.\}}$ vient par projection $\underline{\underline{X}}$-optionnelle (ou prévisible...) :

$$\tilde{Z}^\tau_- = \tilde{Z}^\tau = \tilde{Z}^\sigma + 1_{\{\lambda_. \leq \sigma_.\}} (1 - \tilde{Z}^\sigma)$$

$$= 1_{[\![0,\tau]\!]} (1 - XU).$$

On pourrait en déduire l'expression explicite de M^τ :

$$(6,13)\qquad M^\tau_t = 1 - \int_0^{t\wedge T_1} 1_{\{\sigma_s < \lambda_s\}}\, dX_s .$$

En fait, d'après la formule (5,19'), il nous suffit de connaître $d\langle X,M^\tau\rangle$ sur $]\!]\rho,+\infty[\![$. X est continu ; on a donc :

$$1_{]\!]\rho,+\infty[\![}\, d\langle X,M^\tau\rangle = 1_{]\!]\rho,+\infty[\![}\, d[X,Z^\tau] ;$$

or $U\, 1_{]\!]\rho,+\infty[\![} = 1_{]\!]\rho,\mu]\!]} + 1_{]\!]\tau,T_1]\!]}$ où $\mu = \inf(t > \rho,\ X_t = 0)$, soit

$Z^\tau 1_{[\![\rho,+\infty[\![} = (1 - X)\, 1_{[\![\rho,\mu[\![} + 1_{[\![\mu,\tau[\![} + (1 - X)\, 1_{[\![\tau,T_1[\![}$; par suite

$$1_{]\!]\rho,+\infty[\![}\, d[X,Z^\tau] = -\,(1_{]\!]\rho,\mu]\!]} + 1_{]\!]\tau,T_1]\!]})\, d[X,X].$$

Les formules (5,19') et (6,11) donnent alors :

$$(6,14) \quad X_t = X'_t - \int_0^{t\wedge\mu} 1_{\{\rho < s\}} \frac{1}{X_\rho - X_s} ds + \int_0^{t\wedge T_1} 1_{\{\tau < s\}} \frac{1}{X_s} ds,$$

où X' est un $\underline{\underline{F}}^\rho$-mouvement brownien. On montre comme en c) que X_ρ est indépendant de X'.

VI-2-2) Quelques propriétés des processus de Bessel.

Soit n un entier supérieur ou égal à 2. On appelle processus de Bessel d'ordre n, tout processus ayant même loi que la norme euclidienne $|Y|$ d'un mouvement brownien n-dimensionnel $Y = ({}^1Y,\dots,{}^nY)$.
Etudions les propriétés de semi-martingales d'un tel processus :

Proposition (6,15) ([28], [62]) : 1) Soit $Y = ({}^1Y,\dots,{}^nY)$ un $\underline{\underline{F}}$-mouvement brownien n-dimensionnel. Le processus de Bessel d'ordre n $|Y|$ est une $\underline{\underline{F}}$-semi-martingale continue vérifiant l'équation différentielle stochastique :

$$(6,16) \quad |Y_t| = |Y_0| + B_t + \frac{n-1}{2} \int_0^t \frac{1}{|Y_s|} ds,$$

où B est le $\underline{\underline{F}}$-mouvement brownien (réel) $B_t = \int_0^t \frac{1}{|Y_s|} \sum_{i=1}^{i=n} {}^iY_s \, d\,{}^iY_s$.

2) Soit B' un $\underline{\underline{F}}$-mouvement brownien nul en 0 et C une variable aléatoire positive $\underline{\underline{F}}_0$-mesurable. L'équation :

$$(6,16') \quad H_t = C + B'_t + \frac{n-1}{2} \int_0^t \frac{1}{H_s} ds$$

admet une solution (positive sur $\{C = 0\}$), unique, qui est un processus de Bessel d'ordre n. En conséquence les processus H et $C + B'$ engendrent la même filtration.

Démonstration : a) Soit $Y = ({}^1Y,\dots,{}^nY)$ un $\underline{\underline{F}}$-mouvement brownien n-dimensionnel ; la formule d'Ito donne :

$$|Y_t|^2 = |Y_0|^2 + 2 \sum_{i=1}^{i=n} \int_0^t {}^iY_s \, d\,{}^iY_s + n\,t.$$

Le processus croissant associé à la $\underline{\underline{F}}$-martingale locale $V_t = \int_0^t \sum_{i=1}^{i=n} {}^iY_s \, d\,{}^iY_s$ est $[V,V]_t = \int_0^t |Y_s|^2 ds$. Pour tout $s > 0$, $P[Y_s = 0] = 0$; d'après le théorème de Fubini, $\int_0^t 1_{\{Y_s = 0\}} ds$ est presque surement nul.

$B = \frac{1}{|Y|} 1_{\{Y \neq 0\}} \cdot V$ définit donc bien un $\underline{\underline{F}}$-mouvement brownien et on a :

$$(6,17) \quad |Y_t|^2 = |Y_0|^2 + 2\int_0^t |Y_s| dB_s + n\, t.$$

De même, si H est solution de (6,16'), par application de la formule d'Ito, on obtient :

$$(6,17') \quad H_t^2 = C^2 + 2\int_0^t H_s\, dB'_s + n\, t.$$

b) Or, il résulte de Yamada ([57], page 117) que l'équation :

$$(6,18) \quad K_t = C^2 + 2\int_0^t K_s^{\frac{1}{2}}\, dB'_s + n\, t$$

a une solution, unique. K est donc une $\underline{\underline{F}}$-semi-martingale continue, ayant même loi que le carré d'un processus de Bessel d'ordre n, issu de C. $H = K^{\frac{1}{2}}$ vérifie (6,17') et engendre la même filtration que K, qui n'est autre que la filtration engendrée par C + B'.

c) Il nous reste à montrer que si H vérifie (6,17'), alors H est solution de (6,16'). On utilise les techniques classiques de la théorie des équations différentielles stochastiques ([21]).

Pour b réel positif, notons $R_b = \inf(t \geq 0,\ H_t \leq b)$ et $U_b = \inf(t \geq 0,\ H_t \geq b)$.

Remplaçons t par $t \wedge U_b$ dans (6,17') et intégrons sur $\{C \leq b\}$; il vient :

$E\left[C^2 + n\, t\wedge U_b\ ;\ C \leq b\right] = E\left[H^2_{t\wedge U_b}\ ;\ C \leq b\right] \leq b^2$; faisons tendre t vers $+\infty$; on a : $E[U_b] = E[U_b\ ;\ C \leq b] \leq \frac{b^2}{n} < +\infty$.

En particulier U_b est presque surement fini et tend vers $+\infty$ avec b.

Notons $f_2(x) = \text{Log}\, x$ et $f_n(x) = x^{2-n}$ pour $n > 2$. Deux applications de la formule d'Ito permettent d'écrire, pour $\varepsilon > 0$:

$$(\alpha) \quad H_{t\wedge R_\varepsilon} = C + B'_{t\wedge R_\varepsilon} + \frac{n-1}{2}\int_0^{t\wedge R_\varepsilon} \frac{1}{H_s}\, ds,$$

$$(\beta) \quad f_n(H_{t\wedge R_\varepsilon}) = f_n(C) - \int_0^{t\wedge R_\varepsilon} \frac{1}{H_s^{n-1}}\, dB'_s \quad \text{sur } \{C > 0\}.$$

Pour $0 < \varepsilon < b$, U_b est intégrable et (β) donne, par conditionnement par rapport à $\underline{\underline{F}}_0$:

$$E\left[f_n(H_{R_\varepsilon \wedge U_b}) \mid \underline{\underline{F}}_0\right] = f_n(C) \quad \text{sur } \{C > 0\}, \text{ soit :}$$

$$P\left[R_{\varepsilon} < U_b \middle| \underline{\underline{F}}_0\right] = \frac{f_n(C) - f_n(b)}{f_n(\varepsilon) - f_n(b)} \quad \text{sur} \quad \{\varepsilon < C < b\}.$$

Quand ε décroit vers 0, R_{ε} croit vers R_0 ;

$$P\left[R_0 \leq U_b \middle| \underline{\underline{F}}_0\right] = \lim_{\varepsilon \to 0} P\left[R_{\varepsilon} < U_b \middle| \underline{\underline{F}}_0\right] = 0 \quad \text{sur} \quad \{0 < C < b\},$$

soit, pour b tendant vers $+\infty$, $P\left[R_0 < +\infty \middle| \underline{\underline{F}}_0\right] = 0$ sur $\{0 < C\}$.

R_0 est donc presque surement infini sur $\{0 < C\}$; en faisant tendre ε vers 0 dans (α), on montre que (6,16') est vérifiée sur $\{C > 0\}$.

Pour $b > 0$, sur $\{C = 0\}$, $(H_{t+U_b})_{t \geq 0}$ est un processus de Bessel d'ordre n, issu de b. Si $R'_b = \inf(t \geq U_b, H_t = 0)$, il résulte de ce qui précède :

$$P\left[R'_b < +\infty \; ; \; C = 0\right] = P\left[R'_b - U_b < +\infty \; ; \; C = 0\right]$$
$$= P\left[\exists t, H_{t+U_b} = 0 \; ; \; C = 0\right] = 0.$$

Quand b tend vers 0, R'_b décroit sur $\{C = 0\}$ vers $\inf(t > 0, H_t = 0)$ qui est donc presque surement infini. La formule d'Ito permet alors d'écrire, pour $0 < u \leq t$:

$$H_t = H_u + B'_t - B'_u + \frac{n-1}{2} \int_u^t \frac{1}{H_s} ds \; ;$$

il suffit de faire tendre u vers 0 pour obtenir (6,16') sur $\{C = 0\}$ puisque H_u converge vers C, B'_u vers 0 et $\int_u^t \frac{1}{H_s} ds$ vers $\int_0^t \frac{1}{H_s} ds$ qui est intégrable, donc fini.

<u>Remarque (6,19)</u> : soit H solution de (6,16') ; notons pour D $\underline{\underline{F}}_0$-mesurable, strictement positive $R_D = \inf(t, H_t \leq D)$ et $T_D = \inf(t, H_t = D)$.

Il résulte de la démonstration précédente : $\{R_D < +\infty\} = \{T_D < +\infty\}$ et $P\left[T_D < +\infty \middle| \underline{\underline{F}}_0\right] = \inf(1, (\frac{D}{C})^{n-2})$.

Gardons les notations de la proposition (6,15) et supposons $n \geq 3$.

On a :

<u>Lemme (6,20)</u> : <u>soit</u> D <u>une variable aléatoire</u> $\underline{\underline{F}}_0$<u>-mesurable, strictement positive</u> ; H <u>étant solution de</u>, (6,16'), <u>notons</u> $\Sigma_D = \sup(t, H_t = D)$ <u>et</u> $\Sigma'_D = \sup(t, H_t \leq D)$; <u>alors</u> :

$\tilde{Z}^{\Sigma_D} = \tilde{Z}^{\Sigma'_D} = \inf(1, (\frac{D}{H})^{n-2})$ sur $]\!]0,+\infty[\![$ et $\Sigma_D = \Sigma'_D$ sont presque surement finis. En conséquence, $\lim_{t\to+\infty} H_t = +\infty$.

Démonstration : pour tout $\underline{\underline{F}}$-temps d'arrêt strictement positif T, sur $\{T < +\infty\}$, $(H_{t+T})_{t\geq 0}$ est un processus de Bessel d'ordre n issu de H_T et :

$$P[T \leq \Sigma_D \; ; \; T < +\infty] = P[\exists u \geq 0, H_{u+T} = D \; ; \; T < +\infty]$$

$$= E[\inf(1, (\frac{D}{H_T})^{n-2} \; ; \; T < +\infty]$$

d'après la remarque (6,19) ; le même calcul est valable en remplaçant Σ_D par Σ'_D, d'où la première égalité. D'après le lemme (4,3), $\{\tilde{Z}^{\Sigma_D} = 1\} = \{H \leq D\} \cup [\![0]\!]$ est inclus dans $[\![0, \Sigma_D]\!]$, ce qui assure l'égalité de Σ_D et Σ'_D. En outre,

$$P[t < \Sigma_D] = E[\inf(1, (\frac{D}{H_t})^{n-2})]$$

$$= E\left[(2\pi t)^{-n/2} \int_{\mathbb{R}^n} \inf(1, \frac{D^{n-2}}{((C+y_1)^2+\ldots+y_n^2)^{n-2/2}}) \exp - \frac{\sum_i y_i^2}{2t} \, dy_1 \ldots dy_n\right]$$

$$= E\left[\int_{\mathbb{R}^n} \inf(1, \frac{D^{n-2}}{((C+t^{\frac{1}{2}}y_1)^2+\ldots+ty_n^2)^{n-2/2}}) \exp - \tfrac{1}{2} \sum_i y_i^2 \, dy_1 \ldots dy_n\right]$$

tend vers 0 quand t tend vers $+\infty$ $(n > 2)$.

En particulier, pour tout réel $b > 0$, Σ'_b est fini, ce qui nécessite que H_t tende vers $+\infty$ avec t.

En vue d'une utilisation ultérieure, notons enfin le résultat suivant :

Proposition (6,21) : soient B un $\underline{\underline{F}}$-mouvement nul en 0, C $\underline{\underline{F}}_0$-mesurable positive et D $\underline{\underline{F}}_0$-mesurable strictement positive.

Notons H la solution positive de l'équation :

$$H_t = C + B_t + \int_0^t \frac{1}{H_s} \, ds$$

et Y la solution positive de l'équation :

$$Y_t = B_t + \int_0^t \frac{1}{Y_s} \, ds.$$

Notons enfin $\Sigma_D = \sup(t, H_t = D)$. Alors :

$$(6,22) \quad H_t = C + \tilde{B}_t + \int_0^{t\wedge\Sigma_D} \frac{1}{H_s} 1_{\{H_s<D\}} ds + \int_0^t 1_{\{\Sigma_D<s\}} \frac{1}{H_s - D} ds,$$

où $\tilde{B}$ est un $\underline{\underline{F}}^{\Sigma_D}$-mouvement brownien nul en 0.

Supposons D supérieur ou égal à C ; $(H_{t+\Sigma_D} - D)_{t\geq 0}$ est un processus de Bessel d'ordre 3 issu de 0, indépendant de $\underline{\underline{F}}^{\Sigma_D}_{\Sigma_D}$. Pour toute fonction borélienne g positive sur $\mathbb{R}_+$ et tout $t \geq 0$, on a donc sur $\{\Sigma_D \leq t\}$:

$$(6,23) \quad E\left[g(H_t)\,|\,\underline{\underline{F}}^{\Sigma_D}_{\Sigma_D}\right] = \{E\left[g(d+Y_u)\right]\}_{d=D,\ u=t-\Sigma_D}.$$

Démonstration : soit W une variable aléatoire engendrant la même tribu que le couple (C,D) ; d'après la proposition (6,15), appliquée au $\underline{\underline{F}}$-mouvement brownien W + B et à la filtration qu'il engendre, $\tilde{M}^{\Sigma_D}$ $(= M^{\Sigma_D} + 1 - Z_0^{\Sigma_D})$ est la partie martingale de la surmartingale $Z^{\Sigma_D} = \inf(1, \frac{D}{H})$. D'après la formule d'Ito pour les fonctions convexes, on a : $\tilde{M}_t^{\Sigma_D} = \inf(1, \frac{D}{C}) - D \int_0^t 1_{\{D<H_s\}} \frac{1}{H_s^2} dB_s$;

(5,11) conduit alors immédiatement à (6,22).

Si D est supérieur ou égal à C, $P\left[\Sigma_D > 0\right] = E\left[Z_0^{\Sigma_D}\right] = 1$; $H_{\Sigma_D} = D$; d'après (6,22)

$$H_{t+\Sigma_D} - D = \tilde{B}_{t+\Sigma_D} - \tilde{B}_{\Sigma_D} + \int_0^t \frac{1}{H_{s+\Sigma_D} - D} ds.$$

$(\tilde{B}_{t+\Sigma_D} - \tilde{B}_{\Sigma_D}\ ;\ t \geq 0)$ est un $(\underline{\underline{F}}^{\Sigma_D}_{t+\Sigma_D})_{t\geq 0}$-mouvement brownien nul en 0 et indépendant de $\underline{\underline{F}}^{\Sigma_D}_{\Sigma_D}$; d'après la proposition (6,15),

$(H_{t+\Sigma_D} - D\ ;\ t \geq 0)$ est donc un processus de Bessel d'ordre 3 (que nous notons H') issu de 0 et indépendant de $\underline{\underline{F}}^{\Sigma_D}_{\Sigma_D}$.

Enfin, pour $t \geq 0$ et g borélienne bornée sur $\mathbb{R}$,

$$E\left[g(H_t)\,|\,\underline{\underline{F}}^{\Sigma_D}_{\Sigma_D}\right] 1_{\{\Sigma_D \leq t\}}$$

$$= E\left[1_{\{\Sigma_D \leq t\}}\ g(D + H'_{t-\Sigma_D}) \,|\, \underline{\underline{F}}_{\Sigma_D}^{\Sigma_D}\right]$$

$$= 1_{\{\Sigma_D \leq t\}}\ \{E|g(d + Y_u)|\}_{d = D,\ u = t - \Sigma_D},$$

puisque D et Σ_D sont $\underline{\underline{F}}_{\Sigma_D}^{\Sigma_D}$-mesurables, donc indépendants de H'.

VI-2-3) Décomposition des trajectoires browniennes entre 0 et T_1.

Nous reprenons les notations introduites au début de VI-2.

VI-2-3-a) Comportement entre 0 et ρ.

X_ρ, uniformément distribué sur $[0,1]$ (voir VI-2-1-c) est indépendant de X' (voir 1)-d)) et $X = X'$ sur $[\![0,\rho]\!]$, $\rho = \inf(t, X'_t = X_\rho)$.

VI-2-3-b) Comportement entre ρ et σ.

Soient $D_t = X'_\rho - X'_{t+\rho}$, $(\underline{\underline{F}}^\rho_{\rho+t})$-mouvement brownien issu de 0, indépendant de $\underline{\underline{F}}^\rho_\rho$ et $Y_t = X_\rho - X_{\rho+t}$. Il découle de (6,14) :

$$(6,24)\quad Y_t = D_t + \int_0^{t\wedge(\mu-\rho)} \frac{1}{Y_u}\,du - \int_0^{t\wedge(T_1-\rho)} 1_{\{\tau-\rho<u\}}\,\frac{1}{X_\rho - Y_u}\,du$$

avec $\mu-\rho = \inf(t, Y_t = X_\rho)$

$\tau-\rho = \inf(t, Y_t < 0)$

$T_1-\tau = \inf(t, Y_t = X_\rho - 1)$.

D'après la proposition (5,18-b) et VI-2-1-d), la projection $(\underline{\underline{F}}^\rho_{\rho+t})$-prévisible du processus $1_{[\![0,\sigma-\rho]\!]}$ est :

$$1_{[\![0,\mu-\rho]\!]} + 1_{]\!]\mu-\rho,\tau-\rho]\!]}\ \left(1 - \frac{X^+_{t+\rho}}{X_\rho}\right).$$

La projection $(\underline{\underline{F}}^\rho_{\rho+t})$-optionnelle de $1_{[\![0,\sigma-\rho[\![}$ est donc :

$$1_{[\![0,\mu-\rho[\![} + 1_{[\![\mu-\rho,\tau-\rho[\![}\inf\left(1, \frac{Y_t}{X_\rho}\right) = N_t\ \inf\left(1, \frac{X_\rho}{Y_t}\right)$$

où

$$N_t = 1 + 1_{\{\mu-\rho \leq t\}}\,\frac{1}{X_\rho}\,(Y_{t\wedge(\tau-\rho)} - Y_{\mu-\rho})$$

Lemme (6,25) : α) N est une $(\underline{F}^{\rho}_{\rho+t})$-martingale continue positive.

β) Pour tout $u > 0$, soit Q^u la probabilité définie sur $(\Omega,\underline{F}^{\rho}_{\rho+u})$ par $Q^u = N_u \cdot P$; alors $Q^u[\tau-\rho \leq u] = 0$ et, sous Q^u, $(Y_{s\wedge u})_{s\geq 0}$ est un processus de Bessel d'ordre 3 (arrêté en u), issu de 0 et indépendant de $\underline{F}^{\rho}_{\rho}$.

Démonstration : α) d'après (6,24) on a : $N_t = 1 + \frac{1}{X_\rho} \int_0^t 1_{\{\mu-\rho < s \leq \tau-\rho\}} dD_s$;

N est donc une $(\underline{F}^{\rho}_{\rho+t})$-martingale locale, positive, continue, de processus croissant associé $[N,N]_t = 1 + \frac{1}{X_\rho^2} \inf(\tau-\mu,(t-\mu+\rho)^+)$ majoré par $1 + \frac{t}{X_\rho^2}$. D'après les inégalités de Burkholder-Davis-Gundy et de Doob, pour tout entier $m \geq 1$, $1_{\{m X_\rho \geq 1\}} N$ est une martingale. Il en est de même de N.

β) $\tau-\rho$ est un $(\underline{F}^{\rho}_{\rho+t})$-temps d'arrêt ; de α) et $N_0 = 1$, $N_{\tau-\rho} = 0$ vient : $Q^u[\Omega] = 1$, $Q^u[\tau-\rho \leq u] = 0$.

Soit pour n entier $(n \geq 1)$ $U_n = \inf(t, Y_t \leq \frac{1}{n})$; la suite de $(\underline{F}^{\rho}_{\rho+t})$-temps d'arrêt $(U_n)_{n\geq 1}$ annonce $\tau-\rho$. La formule d'Ito, appliquée au produit des deux $(\underline{F}^{\rho}_{\rho+t})$-semi-martingale $N_{t\wedge U_n}$ et $\tilde{D}^{(n)}_t = D_{t\wedge U_n} - \int_0^{t\wedge U_n} \frac{1}{Y_s} 1_{\{\mu-\rho < s\}} ds$ donne :

$\tilde{D}^{(n)}_t N_{t\wedge U_n} = \int_0^{t\wedge U_n} \tilde{D}^{(n)}_s dN_s + \int_0^{t\wedge U_n} N_s \, dD_s$.

$(\tilde{D}^{(n)}_t N_{t\wedge U_n})_{t\geq 0}$ est donc une $(\underline{F}^{\rho}_{\rho+t})$-martingale locale continue. On en déduit facilement (cf. Lenglart [31]) que $(\tilde{D}^{(n)}_{t\wedge u})_{t\geq 0}$ est une $(\underline{F}^{\rho}_{\rho+t})$-martingale locale continue sous Q^u. La suite $(U_n)_{n\geq 1}$ convergeant Q^u-presque surement vers $+\infty$, le même résultat est vérifié par :

$$\tilde{D}_{t\wedge u} = D_{t\wedge u} - \int_0^{t\wedge u} \frac{1}{Y_s} 1_{\{\mu-\rho < s\}} ds.$$

$$[\tilde{D}_{u\wedge \cdot},\tilde{D}_{u\wedge \cdot}]_t = [D_{u\wedge \cdot},D_{u\wedge \cdot}]_t = t \wedge u ;$$

$(\tilde{D}_{t\wedge u})_{t\geq 0}$ est un $(\underline{F}^{\rho}_{\rho+t})$-mouvement brownien arrêté en u sous Q^u.

Enfin (6,23) donne puisque $Q^u[\tau-\rho \leq u] = 0$) :

$$Y_{u\wedge t} = \tilde{D}_{u\wedge t} + \int_0^{t\wedge u} \frac{1}{Y_s} ds,$$

d'où β) d'après la proposition (6,15).

Le lemme (6,25) (qui n'est pas autre chose que l'aspect "semi-martingale" des diffusions conditionnelles de Doob... cf. Williams [56]) permet d'étudier facilement le comportement du mouvement brownien X entre ρ et σ. Notons à cet effet $C = C(\mathbb{R}_+,\mathbb{R})$ l'espace des applications continues de $\mathbb{R}_+$ dans $\mathbb{R}$, $\underline{\underline{C}}$ sa tribu borélienne, (ξ_s) les applications coordonnées et Q_o la probabilité sur $(C,\underline{\underline{C}})$ faisant de ξ un processus de Bessel d'ordre 3 issu de 0.

On considère sur $(W,\underline{\underline{W}}) = (\Omega \times C, \underline{\underline{F}}_\rho^\rho \otimes \underline{\underline{C}})$ la probabilité $\overline{Q} = P \otimes Q_0$ et $\overline{Y}$ le processus défini par $\overline{Y}_t : (\omega,c) \to \xi_t(c)$, α la variable $\alpha : (\omega,c) \to X_\rho(\omega)$.

Soient alors $f_1,\ldots,f_n$ des fonctions boréliennes, $t_1 <\ldots< t_n$ des réels positifs.

$$E[f_1(Y_{t_1})\ldots f_n(Y_{t_n}) \ ; \ t_n < \sigma-\rho] =$$

$$E[f_1(Y_{t_1})\ldots f_n(Y_{t_n}) \inf(1, \frac{X_\rho}{Y_{t_n}})N_{t_n}] =$$

$$E_{Q^{t_n}}[f_1(Y_{t_1})\ldots f_n(Y_{t_n}) \inf(1, \frac{X_\rho}{Y_{t_n}})] = \qquad \text{(lemme (6,25))}$$

$$E_{\overline{Q}}[f_1(\overline{Y}_{t_1})\ldots f_n(\overline{Y}_{t_n}) \inf(1, \frac{\alpha}{\overline{Y}_{t_n}})] =$$

$$E_{\overline{Q}}[f_1(\overline{Y}_{t_1})\ldots f_n(\overline{Y}_{t_n}) \ ; \ t_n < \Sigma_\alpha],$$

où $\Sigma_\alpha = \sup(t, \overline{Y}_t = \alpha)$ (lemme (6,20)).

$(X_\rho - X_{\rho+t}, \ t < \sigma-\rho)$ a donc même loi qu'un processus de Bessel d'ordre 3, indépendant de $\underline{\underline{F}}_\rho^\rho$, issu de 0 et tué au dernier instant où il passe en X_ρ.

VI-2-3-c) Comportement entre σ et T_1.

D'après (6,12), on a : $X_{t+\sigma} = \tilde{X}_{t+\sigma} - \tilde{X}_\sigma + \int_0^{t\wedge(T_1-\sigma)} \frac{1}{X_{u+\sigma}} du$,

où $T_1-\sigma = \inf(t > 0, X_{t+\sigma} = 1)$ et $(\tilde{X}_{t+\sigma} - \tilde{X}_\sigma, t \geq 0)$ est un $(\underline{\underline{F}}_{t+\sigma}^{\rho,\sigma})$-mouvement brownien indépendant de $\underline{\underline{F}}_\sigma^{\sigma,\rho}$. La proposition (6,15) montre alors que $(X_{t,\sigma} \ ; \ t < T_1 - \sigma)$ a même loi qu'un processus de Bessel d'ordre 3, issu de 0, indépendant de $\underline{\underline{F}}_\sigma^{\sigma,\rho}$, tué au premier instant où il passe en 1.

Remarque : supposons donnés sur un espace probabilisé quatre éléments aléatoires indépendants :

- deux mouvements browniens W et W', issus de 0 ;
- un processus de Bessel d'ordre 3, soit R, issu de 0 ;
- un processus de Bessel d'ordre 3, soit R', issu de α, où α est une variable aléatoire uniformément distribuée sur $[0,1]$.

Définissons : $\overline{\rho} = \inf(t, W_t = \alpha)$

$$\overline{\mu} = \overline{\rho} + \inf(t, R_t = \alpha)$$

$$\overline{\tau} = \overline{\mu} + \inf(t, W'_t = \alpha)$$

$$\overline{T} = \overline{\tau} + \inf(t, R'_t = 1)$$

et $\overline{X}_t = W_t 1_{\{t<\overline{\rho}\}} + 1_{\{\overline{\rho}\leq t<\overline{\mu}\}} (\alpha - R_{t-\overline{\rho}}) + 1_{\{\overline{\mu}\leq t<\overline{\tau}\}} W'_{t-\overline{\mu}} + 1_{\{\overline{\tau}\leq t<\overline{T}\}} R'_{t-\overline{\tau}} + 1_{\{\overline{T}\leq t\}}$.

Il résulte immédiatement de la formule (6,14) et de la proposition (6,15) que $(\overline{X},\alpha,\overline{\rho},\overline{\mu},\overline{\tau},\overline{T})$ a même loi que $(X_{T_1\wedge\cdot},X_\rho,\rho,\mu,\tau,T_1)$.

Par ailleurs on peut retrouver (6,14), via la proposition (3,12), par adjonction initiale de X_ρ à la filtration $\underline{\underline{F}}$.

VI-2-4) Minimum d'une diffusion régulière.

On se propose d'étudier, en utilisant les résultats du chapitre III sur le grossissement initial (et plus précisément la proposition (3,28)), le conditionnement d'une diffusion régulière par les valeurs de son minimum ; le résultat que l'on obtient (proposition (6,29) est dû à Williams ([56]-théorème 2-4)) ; la démonstration que l'on en donne est nouvelle et assez rapide.

$E =]\alpha,\beta[$ est un intervalle réel, auquel on adjoint ∞ comme point cimetière ; $E_\infty = E \cup \{\infty\}$.

$(\Omega,\underline{\underline{F}}^0_\infty,\underline{\underline{F}}^0,Y,\zeta,(\mathbb{P}_x)_{x\in E_\infty})$ est la réalisation canonique d'une diffusion (i.e. un processus fortement markovien, à durée de vie ζ, continu sur $[[0,\zeta[[$ à valeurs dans E_∞. On suppose la diffusion régulière : pour tout x de E, on a :

$$\mathbb{P}_x[\inf(t, Y_t > x) = \inf(t, Y_t < x) = 0] = 1.$$

Un tel processus est entièrement caractérisé par la donnée de :
- l'échelle s (s est une fonction continue strictement croissante sur E) ;
- la mesure de meurtre κ sur E ;

- <u>la mesure de rapidité</u> μ sur E (elle charge tout ouvert de E) (voir [22], chapitre IV).

On fait les hypothèses suivantes :

i) la mesure de meurtre κ est nulle ;

ii) l'échelle s vérifie : $s(\alpha+) = -\infty$, $s(\beta-) < +\infty$.

κ étant nulle, le générateur infinitésimal de Y est $\mathbb{L} = \frac{d}{d\mu}\,\frac{d}{ds}$.

Pour $a \in E$, notons T_a le temps d'atteinte de a par Y : $T_a = \inf(t, Y_t = a)$. Pour $\alpha < a \leq x \leq b < \beta$ et toute fonction u continue sur $[a,b]$, telle que $\mathbb{L}u$ existe et soit bornée sur $[a,b]$, on a :

$$(6,26)\quad u(Y_{t\wedge T_a\wedge T_b}) - u(Y_0) - \int_0^{t\wedge T_a\wedge T_b} \mathbb{L}u(Y_v)\,dv$$

est une $\mathbb{P}_x$-martingale locale continue.

Avec $u = 1_E$ (resp. $u = s$) (6,26) donne par intégration :

$$\mathbb{P}_x[T_a\wedge T_b < \zeta] = 1 \quad (\text{resp. } s(x) = s(a)\,\mathbb{P}_x[T_a < T_b] + s(b)\,\mathbb{P}_x[T_b < T_a]),$$

d'où l'on tire :

$$(6,27)\quad \mathbb{P}_x[T_a < T_b] = 1 - \mathbb{P}_x[T_b < T_a] = \frac{s(b) - s(x)}{s(b) - s(a)}.$$

Faisons tendre b vers β (ou a vers α) dans (6,27) ; grâce à (ii), on obtient :

$$(6,28)\quad \mathbb{P}_x[T_a < \zeta] = \frac{s(\beta-) - s(x)}{s(\beta-) - s(a)}\ ;\ \mathbb{P}_x[T_b < \zeta] = 1.$$

Enfin prenons $u = s$ dans (6,26) et faisons tendre b vers β ; par convergence dominée, on obtient, d'après (6,28) : pour tout $a < x$,

$M_t^a = s(Y_{t\wedge T_a})\,1_{\{t\wedge T_a < \zeta\}} + s(\beta-)\,1_{\{\zeta \leq t\wedge T_a\}}$ est une $\mathbb{P}_x$-martingale bornée, donc limitée à gauche ; en particulier $M^a_{\zeta-}$ existe $\mathbb{P}_x$-presque surement ; s étant strictement croissante, cela nécessite que $Y_{\zeta-}$ existe sur $\bigcup_{\alpha<a<x} \{T_a = +\infty\}$, i.e. sur Ω puisque $\mathbb{P}_x[T_a = +\infty]$ tend vers 1 quand a tend vers α ; Y_{T_b} (= b) convergeant vers β quand b tend vers β, (6,28) donne :

Y_t <u>converge surement vers</u> β <u>quand</u> t <u>tend vers</u> ζ.

(La méthode utilisée ci-dessus est dûe à Doss et Lenglart [11]-théorème 17).

Proposition (6,29) : soit Y une diffusion régulière sur $]\alpha,\beta[$, vérifiant (i) et (ii). Définissons $I_t = \inf_{u \le t} Y_u$, $L = \sup(u < \zeta,\ Y_u = I_u)$ et $\gamma = I_{\zeta-}$.

m est une loi initiale fixée et on travaille relativement à la probabilité $\mathbb{P}_m$ et à la filtration $\underline{\underline{F}}^{(m)}$ (cf. VI-1).

M désigne la $\underline{\underline{F}}^{(m)}$-martingale locale continue $s(Y)\, 1_{[\![0,\zeta[\![} + s(\beta-)\, 1_{[\![\zeta,\infty[\![}$

a) $$\tilde{Z}^L = Z^L = 1_{[\![0,\zeta[\![}\, \frac{s(\beta-) - s(Y)}{s(\beta-) - s(I)}$$

$$\tilde{M}^L = M^L = 1 - \int_{0+}^{\zeta\wedge\cdot} \frac{1}{s(\beta-) - s(I_t)}\, dM_t$$

$$\tilde{A}^L = A^L = \mathrm{Log}\, \frac{s(\beta-) - s(I)}{s(\beta-) - s(Y_0)}$$

b) La loi de γ est définie par

$$\mathbb{P}_m[\gamma < c] = m(]\alpha,c]) + \int_{]c,\beta]} \frac{s(\beta-) - s(x)}{s(\beta-) - s(c)}\, m(dx) \ ;$$

de plus L est l'unique instant où Y atteint son minimum γ.

c) L'hypothèse $\underline{\underline{H}}'$ est vérifiée par $\underline{\underline{F}}^{(m)}$ et $\underline{\underline{F}}^{(m),\sigma(\gamma)}$: pour toute $\underline{\underline{F}}^{(m)}$-martingale locale N,

$$N_t + \int_{0+}^{t\wedge L} \frac{1}{s(\beta-) - s(Y_u)}\, d[M,N]_u - \int_0^t 1_{\{L<u\}} \frac{1}{s(Y_u) - s(\gamma)}\, d[M,N]_u = N'_t$$

est une $\underline{\underline{F}}^{(m),\sigma(\gamma)}$-martingale locale.

d) En conséquence, conditionnellement à γ, le processus $(Y_t, 0 \le t < L)$ est une diffusion de générateur infinitésimal $[s(\beta-) - s]^{-1}\, \mathbb{L}\, [s(\beta-) - s]$; conditionnellement à γ et $(Y_t, 0 \le t < L)$, le processus $(Y_{t+L}, 0 \le t < \zeta - L)$ est une diffusion issue de γ, de générateur infinitésimal $[s - s(\gamma)]^{-1}\, \mathbb{L}\, [s - s(\gamma)]$.

Démonstration : a) $Y_{\zeta-}$ valant β, $\mathbb{P}_m[0 < L < \zeta]$ vaut 1. Pour tout $\underline{\underline{F}}^{(m)}$-temps d'arrêt T on a : $\mathbb{P}_m[T \le L] = \mathbb{P}_m[\exists u, Y_{u+T} \le I_T \ ;\ T < \zeta]$

$$= \mathbb{E}_m\left[\{\mathbb{P}_x[T_a < \zeta]\}_{x = Y_T,\ a = I_T} \ ;\ T < \zeta\right].$$

(6,28) donne alors : $\tilde{Z}^L = 1_{[\![0,\zeta[\![} \dfrac{s(\beta-) - s(Y)}{s(\beta-) - s(I)}$.

$\tilde{Z}^L$ est continu, donc égal à Z^L ; pour tout $\underline{\underline{F}}^{(m)}$-temps d'arrêt T, $\mathbb{P}_m[L = T] = 0$, si bien que $\tilde{M}^L = M^L$ (lemme (5,17)) et $\tilde{A}^L = A^L$ est continu. La formule d'Ito permet d'identifier M^L et A^L :

$$M_t^L = 1 - \int_{0+}^{t\wedge\zeta} \frac{1}{s(\beta-) - s(I_u)} dM_u \ ;$$

$$A_t^L = - \int_{0+}^{t\wedge\zeta} (s(\beta-) - s(Y_u))\, d\left(\frac{1}{s(\beta-) - s(I)}\right)_u$$

$$= - \int_{0+}^{t} (s(\beta-) - s(I_u))\, d\left(\frac{1}{s(\beta-) - s(I)}\right)_u$$

(puisque dI_u est porté par $\{u, Y_u = I_u\}$), d'où $A_t^L = \text{Log}\, \dfrac{s(\beta-) - s(I_t)}{s(\beta-) - s(I_0)}$.

b) et c) $\{\gamma < c\} = \{T_c < \zeta\}$; il suffit d'intégrer sous $\mathbb{P}_m$ et d'utiliser (6,28) pour obtenir la loi de γ.

s est strictement croissante ; il suffit donc d'appliquer la dernière remarque de V-2) pour obtenir c) et le fait que L est l'unique instant où Y atteint son minimum.

Soit ϕ appartenant au domaine de $\mathbb{L}$ ($\phi(\infty) = 0$, $\phi(\beta-)$ existe et vaut 0) ; $N_t^\phi = \phi(Y_t) - \phi(Y_0) - \int_0^t \mathbb{L}\phi(Y_v)dv$ est une $\underline{\underline{F}}^{(m)}$-martingale locale ; d'après le point c), on a :

$$\phi(Y_t)-\phi(Y_0)-\int_0^t \mathbb{L}\phi(Y_v)dv + \int_{0+}^{t\wedge L} \frac{1}{s(\beta-)-s(Y_v)}\, d[M,N^\phi]_v - \int_0^t 1_{\{L<v\}} \frac{d[M,N^\phi]_v}{s(Y_v)-s(\gamma)}$$

est une $\underline{\underline{F}}^{(m),\sigma(\gamma)}$-martingale locale continue, notée $\overline{N}^\phi$.

De même $s(\beta-) - s(Y_{t\wedge L})$ (= $s(\beta-) - M_{t\wedge L}$) est une $\underline{\underline{F}}^{(m),\sigma(\gamma)}$-semi-martingale continue, de décomposition canonique :

$$s(\beta-) - s(Y_{t\wedge L}) = \overline{N}_{t\wedge L} + \int_{0+}^{t\wedge L} \frac{1}{s(\beta-) - s(Y_v)}\, d[M,M]_v,$$

où $\overline{N}$ appartient à $\underline{\underline{M}}_c(\underline{\underline{F}}^{(m),\sigma(\gamma)})$.

Remarquons que $[\bar{N},\bar{N}^{\phi}]_{t\wedge L} = -[N^{\phi},M]_{t\wedge L}$ et que $s(\beta-) - s(Y_{t\wedge L})$ est strictement positive.

Soit $\psi = \phi(s(\beta-) - s)^{-1}$; par un calcul que nous ne reproduisons pas, la formule d'Ito permet d'écrire :

$$\psi(Y_{t\wedge L}) - \psi(Y_0) - \int_0^{t\wedge L} \frac{1}{s(\beta-) - s(Y_v)} \mathbb{L}\,[\psi(s(\beta-) - s)]\,(Y_v)dv$$

est la $\underline{\underline{F}}^{(m),\sigma(\gamma)}$-martingale locale $\displaystyle\int_{0+}^{t\wedge L} \frac{d\bar{N}_v^{\phi} - \psi(Y_v)d\bar{N}_v}{s(\beta-) - s(Y_v)}$,

d'où la première assertion.

De même, $1_{\{L \leq t\}}(s(Y_t) - s(\gamma)) = \tilde{N}_t + 1_{\{L \leq t\}}\displaystyle\int_{L+}^{t} \frac{d[M,M]_v}{s(Y_v) - s(\gamma)}$,

où $\tilde{N}$ est une $\underline{\underline{F}}^{(m),\sigma(\gamma)}$-martingale locale continue, nulle sur $[\![0,L]\!]$.

Soit T un $\underline{\underline{F}}^{(m),\sigma(\gamma)}$-temps d'arrêt strictement supérieur à L ; le processus $s(Y) - s(\gamma)$ est strictement positif sur $[\![T,+\infty[\![$; en remarquant les égalités de $[\tilde{N},\tilde{N}]$ avec $1_{]\!]L,+\infty[\![}\cdot[M,M]$ et de $[\tilde{N},\bar{N}^{\phi}]$ avec $1_{]\!]L,+\infty[\![}\cdot[M,N^{\phi}]$, la formule d'Ito donne :

$$1_{\{T \leq t\}}\left(\frac{\phi(Y_t)}{s(Y_t) - s(\gamma)} - \frac{\phi(Y_T)}{s(Y_T) - s(\gamma)} - \int_{T+}^{t} \frac{1}{s(Y_v) - s(\gamma)} \mathbb{L}\phi\,(Y_v)dv\right)$$

$$= 1_{\{T \leq t\}}\left(\int_{T+}^{t} \frac{1}{s(Y_v) - s(\gamma)}\, d\bar{N}_v^{\phi} - \int_{T+}^{t} \frac{\phi(Y_v)}{(s(Y_v) - s(\gamma))^2}\, d\tilde{N}_v\right);$$

d'où la dernière assertion en prenant $T = L + t_0$ ($t_0 > 0$ fixé et en remplaçant t par $L+h$ $(h \geq t_0)$ dans la formule précédente.

VI.3. Mouvement brownien et processus de Bessel d'ordre 3 : un théorème de Pitman.

La proposition (6,15) caractérise les processus de Bessel d'ordre n $(n \geq 2)$: ce sont les processus continus positifs Z tels que $\left(Z_t - Z_0 - \frac{n-1}{2}\int_0^t \frac{ds}{Z_s}\right)_{t\geq 0}$ soit un mouvement brownien. Un autre lien entre mouvement brownien et processus de Bessel d'ordre 3 a été découvert par Pitman ([48]) :

Théorème (6,29) : a) Soit X un mouvement brownien réel issu de 0, et soit $S_t = \sup_{s\leq t} X_s$. Alors $2S - X$ a même loi qu'un processus de Bessel d'ordre 3 issu de 0.

a') <u>Soit</u> Z <u>un processus de Bessel d'ordre</u> 3 <u>issu de</u> 0 <u>et soit</u> $J_t = \inf_{s \geq t} Z_s$.
<u>Alors</u> 2J - Z <u>est un mouvement brownien.</u>

Nous donnons ici une démonstration du théorème de Pitman utilisant les grossissements successifs de filtration. Rappelons d'abord, en suivant Pitman, que les assertions a) et a') sont équivalentes.

Considérons en effet l'ensemble U (resp. V) des applications continues $u : \mathbb{R}_+ \to \mathbb{R}$ (resp. $v : \mathbb{R}_+ \to \mathbb{R}_+$) telles que $u(0) = 0$ et $\sup_t u(t) = +\infty$ (resp. $v(0) = 0$ et $\lim_{t \to +\infty} v(t) = +\infty$). On munit en outre U et V de la topologie de la convergence compacte et on note $\underline{\underline{U}}$ et $\underline{\underline{V}}$ leurs tribus boréliennes respectives. Pour $u \in U$, définissons $\overline{u}(t) = \sup_{s \leq t} u(s)$, et pour $v \in V$, $\underline{v}(t) = \inf_{s \geq t} v(s)$. Soit en outre q un réel, $q > 1$.

On vérifie facilement que les applications (mesurables !) :

$$U \xrightarrow{f_q} V \qquad \text{et} \qquad V \xrightarrow{g_q} U$$

(6,30)

$$u \to f_q(u) = q\overline{u} - u \qquad\qquad v \to g_q(v) = \left(\frac{q}{q-1}\right)\underline{v} - v$$

sont réciproques et que :

$$\underline{f_q(u)} = (q-1)\overline{u}.$$

Notons P_0 (resp. Q_0) la probabilité sur $(U,\underline{\underline{U}})$ resp. $(V,\underline{\underline{V}})$) faisant des applications coordonnées un mouvement brownien (resp. un processus de Bessel d'ordre 3) issu de 0. a) et a') signifient :

a'') $Q_0 = f_2(P_0)$.

Adoptant maintenant une démarche inverse de celle de Pitman, nous allons redécouvrir l'énoncé a'). Z est donc un processus de Bessel d'ordre 3, issu de 0, défini sur un espace probabilisé complet $(\Omega,\underline{\underline{A}},P)$; $B_t = Z_t - \int_0^t \frac{ds}{Z_s}$ définit un $\underline{\underline{Z}}$-mouvement brownien, $\underline{\underline{Z}}$ étant la filtration (dûment complétée) engendrée par Z.

Soit $X = 2J - Z$ et soit $\underline{\underline{X}} = (\underline{\underline{X}}_t)$ la filtration (dûment complétée) engendrée par X. De (6,30') vient $J_t = \sup_{s \leq t} X_s$, d'où : $\underline{\underline{Z}}_t \subset \underline{\underline{X}}_t$ pour tout t.

Par ailleurs, pour $s \leq t$, $J_s = \inf(J_t, \inf_{s\leq u\leq t} Z_u)$ (voir [48], p. 522 pour le même résultat dans le cas discret), d'où : $\underline{\underline{X}}_t$ est la tribu engendrée par $\underline{\underline{Z}}_t$ et la variable J_t.

En outre si, pour $a \in \mathbb{R}_+^*$, $T_a = \inf(t, X_t = a)$ et $\sigma_a = \sup(t, Z_t = a)$, alors $T_a = \sigma_a$ (d'après (6,30')), σ_a est fin d'ensemble $\underline{\underline{Z}}$-prévisible, T_a est un $(\underline{\underline{X}}_{t+})$-temps d'arrêt, et on déduit de l'égalité :

$\{J_t > a\} = \{\sigma_a < t\}$ pour tout couple (a,t) que :

<u>$(\underline{\underline{X}}_{t+})_{t\geq 0}$ est la plus petite filtration continue à droite, contenant $\underline{\underline{Z}}$ et faisant des variables</u> $(T_a, a\in \mathbb{R}_+)$ <u>des temps d'arrêt</u>.

A l'aide du corollaire (5,22) nous allons donc montrer que Z est une $(\underline{\underline{X}}_{t+})$-semi-martingale (et plus exactement que $(Z_s)_{s\leq t}$ est une $(\underline{\underline{X}}_{s+})_{s\leq t}$-quasi-martingale), puis que $X = 2J - Z$ est une $(\underline{\underline{X}}_{t+})$-martingale (continue), qui ne saurait être autre chose qu'un mouvement brownien puisque

$[X,X]_t = [Z,Z]_t = [B,B]_t = t.$

Introduisons quelques notations supplémentaires : $\tilde{\underline{\underline{D}}}$ est l'ensemble des suites croissantes $\delta : \mathbb{N} \to \overline{\mathbb{R}}_+$, telles que $\delta(0) = 0$ et $\delta(n) = +\infty$ pour un $n\in\mathbb{N}$; pour $\delta \in \tilde{\underline{\underline{D}}}$, on désigne par $\underline{\underline{Z}}^\delta$ la plus petite filtration continue à droite contenant $\underline{\underline{Z}}$ et faisant des $(T_{\delta(n)}, n\in\mathbb{N})$ des temps d'arrêt ; $\underline{\underline{P}}_*^\delta$ (resp. $\overline{\underline{\underline{P}}}_*$) désigne la tribu $\underline{\underline{Z}}$- (resp. $\underline{\underline{Z}}^\delta$-, resp. $\underline{\underline{X}}$-) prévisible sur $\mathbb{R}_+^* \times \Omega$.

<u>$\bigcup_{\delta\in\tilde{\underline{\underline{D}}}} \underline{\underline{P}}_*^\delta$ est une une algèbre de Boole engendrant $\overline{\underline{\underline{P}}}_*$</u>.

Pour tout δ de $\tilde{\underline{\underline{D}}}$ la filtration $\underline{\underline{Z}}^\delta$ est obtenue par adjonction progressive d'un nombre fini d'ensembles optionnels à $\underline{\underline{Z}}$; d'après le théorème (5,10) et le corollaire (5,22), Z est une $\underline{\underline{Z}}^\delta$-semi-martingale et pour tout $t \geq 0$, $(Z_s)_{s\leq t}$ est dans $\underline{\underline{H}}^1(\underline{\underline{Z}}^\delta)$.

<u>Lemme (6,31)</u> : <u>pour tout</u> $\delta\in\tilde{\underline{\underline{D}}}$, <u>tout</u> $t\in\mathbb{R}_+$ <u>et tout</u> H <u>$\underline{\underline{P}}_*^\delta$-mesurable borné</u>,

$$(6,32)\qquad E\left[\int_0^t H_s\, dZ_s\right] = 2\; E\left[\int_0^t H_s\, dJ_s\right].$$

Démonstration : $\underline{\underline{P}}^{\delta}_{*}$ est la tribu engendrée sur $\mathbb{R}_+^* \times \Omega$ par $\underline{\underline{P}}_*$ et les intervalles stochastiques $]\!]T_{\delta(n)}, T_{\delta(n+1)}]\!]$, $n \in \mathbb{N}$) (corollaire (5,18-a)). Il suffit donc de montrer que l'on a, pour U $\underline{\underline{P}}$-mesurable borné et $a \in \overline{\mathbb{R}}_+$:

$$E\Big[\int_0^t U_s \, 1_{\{T_a < s\}} \, dZ_s\Big] = 2\, E\Big[\int_0^t U_s \, 1_{\{T_a < s\}} \, dJ_s\Big].$$

Le membre de gauche a bien un sens puisque Z^t est une $\underline{\underline{Z}}^{T_a}$-quasi-martingale ; d'après (6,22) (proposition (6,21)), il s'écrit encore :

$$E\Big[\int_0^t U_s \, 1_{\{T_a < s\}} \frac{1}{Z_s - a} \, ds\Big],$$

soit, en remplaçant $1_{]\!]T_a, +\infty[\![}$ par sa projection $\underline{\underline{Z}}$-optionnelle $(1 - \frac{a}{Z})_+$ (lemme (6,20), $E\Big[\int_0^t \frac{U_s}{Z_s} 1_{\{a < Z_s\}} \, ds\Big]$.

Le processus croissant J est porté par $\{s, J_s = Z_s\}$ et $\{T_a < s\} = \{a < J_s\}$; J^p désignant la projection duale $\underline{\underline{Z}}$-prévisible de J, on a donc :

$$E\Big[\int_0^t U_s \, 1_{\{T_a < s\}} \, dJ_s\Big] = E\Big[\int_0^t U_s \, 1_{\{a < Z_s\}} \, dJ_s\Big]$$

$$= E\Big[\int_0^t U_s \, 1_{\{a < Z_s\}} \, dJ^p_s\Big].$$

Tout revient donc à montrer que $2J^p = \int_0^{\cdot} \frac{1}{Z_s} \, ds$, ou, ce qui est équivalent, que $Z - 2\,J^p$ est une $\underline{\underline{Z}}$-martingale locale, ou encore que pour tout $\underline{\underline{Z}}$-temps d'arrêt borné T, $E[Z_T] = 2\, E[J^p_T] = 2\, E[J_T]$.

Or si T est un $\underline{\underline{Z}}$-temps d'arrêt borné, J_T est le minimum du processus de Bessel d'ordre 3 issu de Z_T $(Z_{s+T})_{s \geq 0}$; on a :

$$E[J_T] = \int_0^\infty P[y < J_T] dy = \int_0^\infty P[\sup(s, Z_{T+s} = y) = 0] \, dy$$

$$= \int_0^\infty E\Big[(1 - \frac{y}{Z_T})_+\Big] \, dy \qquad \text{(lemme (6,20))}$$

$$= \tfrac{1}{2}\, E[Z_T].$$

D'après I-4, (6,32) montre que pour tout δ de $\underline{\underline{\tilde{D}}}$, la variation $V(Z^t, \underline{\underline{Z}}^{\delta})$ vaut $2\,E[J_t]$ (et donc $E[Z_t]$, soit $\sqrt{\frac{2t}{\pi}}$) ; d'où

$V(Z^t,\underline{\underline{X}}) \sup_{\delta} V(Z^t,\underline{\underline{Z}}^{\delta}) = \sqrt{\frac{2t}{\pi}}$;

Z^t est donc une $(\underline{\underline{X}}_{s+})$ quasi-martingale ; par classe monotone (6,32) reste vérifiée pour tout processus H $\overline{\underline{\underline{P}}}_{*}$-mesurable borné, ce qui équivaut à dire (J étant $\overline{\underline{\underline{P}}}_{*}$-mesurable) que $Z - 2J$ est une $(\underline{\underline{X}}_{s+})$-martingale continue.

Remarques : 1) la filtration $\underline{\underline{X}}$ est en fait continue à droite.

2) B est un $\underline{\underline{X}}$-semi martingale, B-A est une X-martingale si $A = 2S - \int_0^{\cdot} \frac{1}{Z_s}\, ds$.

dA_s n'est pas absolument continu par rapport à $d[B,B]_s = ds$; en effet, la propriété de densité de temps d'occupation pour les temps locaux d'une semi-martingale (cf. [39]-chapitre VI, formule (12,5)) entraine :

pour tout t, $\int_0^t 1_{\{S_s = X_s\}} ds = 0$;

par contre, on a pour tout t :

$$\int_0^t 1_{\{S_s = X_s\}} dA_s = 2 \int_0^t 1_{\{S_s = X_s\}} dS_s = 2\, S_t \neq 0.$$

L'hypothèse $\underline{\underline{H}}'$ n'est pas vérifiée par le couple $(\underline{\underline{Z}},\underline{\underline{X}})$ ([26] 3-2)) : sinon, d'après la proposition (2,1) appliquée à B, il faudrait en particulier que, pour toute fonction f de $L^2_+([0,1],ds)$, l'intégrale $\int_{0+} f(s)\, |dA_s|$ soit convergente ; on vient de remarquer que les mesures dS_s et ds sont étrangères et on a donc :

$|dA_s| = 2\, dS_s + \frac{1}{Z_s}\, ds$; par suite on aurait : $\int_{0+} f(s) dS_s < +\infty$.

Considérons alors g dans $L^2_+([0,1],ds)$, telle que $\int_0^1 g(u)\, u^{-\frac{1}{2}}\, du$ soit infini ; soit f la transformée de Hardy de g sur $]0,1]$:

$$f(s) = \int_s^1 \frac{g(u)}{u}\, du \qquad (s \in]0,1]) ;$$

f appartient à $L^2_+([0,1],ds)$ et $s^{\frac{1}{2}} f(s)$ tend vers 0 avec s (Hardy) ; cette dernière propriété implique que $f(s)\; S_s$ tend vers 0 avec s en probabilité, si bien que par intégration par partie, $\int_{0+} f(s) dS_s$ est fini en même temps que $\int_{0+} S_u \frac{g(u)}{u}\, du$.

Si $\underline{\underline{H}}'$ était vérifiée, les intégrales suivantes seraient donc convergentes :

$\int_{0+}^{1} X_u^+ \frac{g(u)}{u} du$ (X^+ est majoré par S), $\int_0^1 X_u^- \frac{g(u)}{u} du$ (X^- a même loi que X^+),

$$\int_{0+}^{1} |X_u| \frac{g(u)}{u} du, \quad \int_{0+}^{1} |X_1 - X_{1-u}| \frac{g(u)}{u} du = \int_0^{1-} |X_1 - X_u| \frac{g(1-u)}{1-u} du$$

$((X_1 - X_{1-u})\ 0 \le u \le 1)$ a même loi que $(X_u,\ 0 \le u \le 1))$,

$$\int_0^{1-} \frac{g(1-u)}{(1-u)^{\frac{1}{2}}} du = \int_{0+}^{1} \frac{g(u)}{u^{\frac{1}{2}}} du \quad \text{(théorème (3,23))},$$

ce qui est contraire à l'hypothèse faite sur g !

VI-4. Excursions du mouvement brownien.

Dans ce dernier paragraphe, nous développons des résultats établis dans les chapitres précédents (en particulier le corollaire (3,27)) pour étudier les excursions normalisées du mouvement brownien réel.

VI-4-a) Quelques propriétés du pont brownien.

Commençons (en apparence) par quelques digressions. Le théorème (3,23) mène aux diverses généralisations suivantes :

Lemme (6,33) : i) Soit X un $\underline{\underline{F}}$-mouvement brownien.

i-1) Pour tout $r > 0$, X est une $\underline{\underline{F}}^{\sigma(X_r)}$-semi-martingale et

$$(6,34')\quad X_t = {}^rX_t + \int_0^{t\wedge r} \frac{X_r - X_s}{r - s} ds,$$

où ${}^rX$ est un $\underline{\underline{F}}^{\sigma(X_r)}$-mouvement brownien.

i-2) Soit $({}^rW_t\ ;\ 0 \le t \le r)$ le r-pont brownien ${}^rW_t = X_t - \frac{t}{r} X_r$.

a) ${}^rW$ est une $\underline{\underline{F}}^{\sigma(X_r)}$-semi-martingale telle que :

$$(6,35)\quad {}^rW_t = {}^rX_t - \int_0^t \frac{{}^rW_s}{r - s} ds \quad (t \le r).$$

b) Soit $0 < r < \rho$; $({}^\rho W_t, t \le r)$ est une $\underline{\underline{F}}^{\sigma(X_r, X_\rho)}$-semi-martingale telle que :

$$(6,34'')\quad W_t = {}^rX_t + \int_0^t \frac{{}^\rho W_r - {}^\rho W_s}{r - s} ds \quad (t \le r).$$

ii) <u>Réciproquement, soient</u> X <u>un</u> $\underline{\underline{F}}$<u>-mouvement brownien nul en</u> 0, α <u>et</u> ζ <u>deux variables aléatoires</u> $\underline{\underline{F}}_0$<u>-mesurables. L'équation</u> :

$$(6,34)\quad H_t = \zeta + X_t + \int_0^t \frac{\alpha - H_s}{r - s}\,ds \qquad (t < r)$$

<u>a une solution, unique, donnée par</u> $H_t = \zeta + \frac{t}{r}(\alpha - \zeta) + (r-t)\int_0^t \frac{dX_s}{r-s}$;

$\lim\limits_{t\to r} H_t = \alpha$ <u>et</u> $\int_0^r \left|\frac{\alpha - H_s}{r - s}\right| ds$ <u>est fini</u>.

<u>Démonstration</u> : i-1) $X-X_0$ est un $\underline{\underline{F}}$-mouvement brownien nul en 0 ; remplaçons 1 par r dans le théorème (3,23) ; il vient :

$$X_t - X_0 = {}^rX'_t + \int_0^{t\wedge r} \frac{(X_r-X_0) - (X_s-X_0)}{r - s}\,ds$$

avec ${}^rX'$ $\underline{\underline{F}}^{\sigma(X_r-X_0)}$-mouvement brownien issu de 0. Puisque $\underline{\underline{F}}^{\sigma(X_r)} = \underline{\underline{F}}^{\sigma(X_r-X_0)}$, on obtient (6,34') avec ${}^rX = X_0 + {}^rX'$.

$$\text{i-2)}\quad {}^rW_t = X_t - \frac{t}{r}X_r = {}^rX_t + \int_0^t \frac{X_r-X_s}{r-s}\,ds - \frac{1}{r}\int_0^t X_r\,ds$$

$$= {}^rX_t - \int_0^t \frac{{}^rW_s}{r-s}\,ds\ ;$$

$\underline{\underline{F}}^{\sigma(X_r,X_\rho)} = \underline{\underline{F}}^{\sigma(X_r,X_\rho-X_r)}$ et $X_\rho - X_r$ est indépendant de $\underline{\underline{F}}_r$;

$({}^rX_t, t \leq r)$ est donc un $\underline{\underline{F}}^{\sigma(X_r,X_\rho)}$-mouvement brownien, et pour $t \leq r$, on a :

$$X_t - \frac{t}{\rho}X_\rho = {}^rX_t + \int_0^t \frac{X_r - X_s}{r - s}\,ds - \frac{1}{\rho}\int_0^t X_\rho \frac{r - s}{r - s}\,ds$$

$$= {}^rX_t + \int_0^t \frac{{}^\rho W_r - {}^\rho W_s}{r - s}\,ds.$$

ii) Pour $t < r$, on peut écrire :

$$(r-t)\int_0^t \frac{dX_s}{r-s} = X_t - \int_0^t \left(\int_0^u \frac{dX_s}{r-s}\right)du\ ;$$

l'inégalité de Burkholder-Davis-Gundy (1,4) montre que $E\left[\left|\int_0^u \frac{dX_s}{r-s}\right|\right]$ est majoré par $\frac{1}{c_1} \frac{1}{(r-u)^{\frac{1}{2}}}$ $(u < r)$. $\int_0^1 \left|\int_0^u \frac{dX_s}{r-s}\right| du$ est donc intégrable ; $\lim_{t \to r} H_t = \ell$ existe et, d'après le lemme de Fatou, $E\left[|\ell - \alpha|\right]$ est majorée par

$$\liminf_{t \to r_-} (r-t)\, E\left[\left|\int_0^t \frac{dX_s}{r-s}\right|\right] = 0, \quad \text{soit } \ell = \alpha.$$

Avec $H_r = \alpha$, H est une $\underline{\underline{F}}$-semi-martingale continue sur $[0,r]$.

Il nous reste à montrer que H est solution de (6,34) (l'unicité est immédiate). Or, pour tout $t < r$

$$\frac{\zeta - \alpha}{r} + \int_0^t \frac{dX_s}{r-s} = \frac{H_t - \alpha}{r - t} = \int_{0-}^t \frac{d(H_s - \alpha)}{r - s} + \int_0^t \frac{H_s - \alpha}{(r-s)^2}\, ds \;;$$

prenons l'intégrale stochastique du processus $s \to r-s$ par rapport aux membres extrêmes ; il vient :

$$\zeta - \alpha + X_t = H_t - \alpha + \int_0^t \frac{H_s - \alpha}{r - s}\, ds, \quad \text{d'où (6,34).}$$

Remarques (6,36) : a) Soit $(H_t, t \leq r)$ la solution de (6,34). Soit $N_t = H_{r-t}$ $(t \leq r)$; on peut écrire :

$$N_t = \alpha + \overline{X}_t + \int_0^t \frac{\zeta - N_s}{r - s}\, ds,$$

où $\overline{X}$ est un mouvement brownien issu de 0, indépendant de (α,ζ).

Il suffit de le montrer lorsque $\alpha = \zeta = 0$; dans ce cas, d'après (6,35), H a même loi que $(X_t - \frac{t}{r} X_r, t \leq r)$ et N a même loi que $(X'_t - \frac{t}{r} X'_r, t \leq r)$ où X' est le brownien $X'_t = X_{r-t} - X_r$ $(t \leq r)$.

N a donc même loi que H et $(N_t + \int_0^t \frac{N_s}{r-s}\, ds, t \leq r)$ est un mouvement brownien (d'après (6,35)).

b) Soit $(W_t, t \leq 1)$ un pont brownien (i.e. la solution d'une équation du type (6,34)) avec $r = 1$, $\alpha = 0$) ; pour $t < 1$, W_t est la somme de $(1 - t)\, W_0$ et d'une variable gaussienne centrée de variance $t(1-t)$, indépendante de W_0.

La loi conditionnelle de W_t sachant W_0 a donc une densité par rapport à la mesure de Lebesgue sur $\mathbb{R}$, égale à :

$$(2\pi t(1-t))^{-\frac{1}{2}}\exp-\frac{1}{2}\frac{(x-(1-t)W_0)^2}{t(1-t)},$$

et donc à $(1-t)^{-\frac{1}{2}} \exp \frac{1}{2} (W_0^2 - \frac{x^2}{1-t}) \frac{1}{\sqrt{2\pi t}} \exp- \frac{(x-W_0)^2}{2t}$.

Comparant (6,34') et (6,34"), on obtient : $(W_t + \int_0^t \frac{W_s}{1-s} ds, t \leq 1)$ étant un $(\underline{\underline{F}},P)$-mouvement brownien, $U_t = (1-t)^{\frac{1}{2}} \exp \frac{1}{2}(\frac{W_t^2}{1-t} - W_0^2)$ $(t < 1)$ définit une $\underline{\underline{F}}$-martingale et pour $0 < r < 1$, $(W_t, t \leq r)$ est un $(\underline{\underline{F}}, U_r.P)$-mouvement brownien.

On peut bien sûr retrouver ce résultat en appliquant le théorème de Girsanov et la formule d'Ito.

Proposition (6,37) : soient $\beta = (\beta^{(1)}, \beta^{(2)}, \beta^{(3)})$ un $(\underline{\underline{F}},P)$-mouvement brownien tridimensionnel, $W = (W^{(1)}, W^{(2)}, W^{(3)})$ la solution de l'équation

$$W_t = \beta_t - \int_0^t \frac{W_s}{1-s} ds \quad (t \leq 1)$$

et K la norme euclidienne du vecteur W.

K est une $\underline{\underline{F}}$-semi-martingale telle que :

$$(6,38) \quad K_t = B_t + \int_0^t \frac{1}{K_s} \left(1 - \frac{K_s^2}{1-s}\right)ds \quad (t \leq 1),$$

où B est un $\underline{\underline{F}}$-mouvement brownien réel $(B_0 \geq 0)$.

Une telle équation a une solution positive, unique ; K et B engendrant la même filtration. K est un processus de Markov (inhomogène) et pour $0 < r < 1$ et $Q = (1-r)^{3/2} \exp \frac{1}{2}(\frac{K_r^2}{1-r} - K_0^2) \cdot P$, $(K_t, t \leq r)$ est un $(\underline{\underline{F}}, Q)$-processus de Bessel d'ordre 3.
En outre, lorsque K_0 est nul, $(K_t, t \leq 1)$ et $(K_{1-t}, t \leq 1)$ ont même loi.
Démonstration : soit $T = \inf(s > 0, K_s = 0)$; d'après la remarque (6,36-b), pour $r < 1$, $(W_t, t \leq r)$ est un $(\underline{\underline{F}},Q)$-mouvement brownien tridimensionnel ; $(K_t, t \leq r)$ est donc un $(\underline{\underline{F}},Q)$-processus de Bessel d'ordre 3 et $Q[T < r]$ est nul.

P est équivalente à Q sur $\underline{\underline{F}}_r$; on a donc $P[T < r] = 0$, et on peut appliquer la formule d'Ito, ce qui donne, pour $0 < s < t < 1$:

$$K_t = K_s + \sum_{i=1}^{i=3} \int_s^t \frac{W_u^{(i)}}{K_u} dW_u^{(i)} + \frac{1}{2} \sum_{i=1}^{i=3} \int_s^t \left(\frac{1}{K_u} - \frac{(W_u^{(i)})^2}{K_u^3}\right) du$$

$$= K_s + B_t - B_s + \int_s^t \frac{1}{K_u} \left(1 - \frac{K_u^2}{1-u}\right) du,$$

si B est le $(\underline{\underline{F}},P)$-mouvement brownien réel $\int_0^t \frac{1}{K_u} \sum_{i=1}^{i=3} W_u^{(i)} d\beta_u^{(i)}$

Il suffit de faire tendre s vers 0 pour obtenir (6,38) pour $t < 1$ (en particulier $\int_{0+} \frac{1}{K_u} du$ existe...).

Soit enfin B' un $\underline{\underline{F}}$-mouvement brownien, tel que B'_0 soit positif ; à l'équation :

$$(6{,}38) \quad Z_t = B'_t + \int_0^t \frac{1}{Z_s} \left(1 - \frac{Z_s^2}{1-s}\right) ds \qquad (t \leq 1, Z \geq 0),$$

on peut associer l'équation vérifiée par $Y = Z^2$:

$$(6{,}38') \quad Y_t = Y_0 + 2 \int_{0+}^t Y_s^{\frac{1}{2}} dB'_s + 3t - 2 \int_{0+}^t \frac{Y_s}{1-s} ds \quad (t < 1).$$

D'après un résultat (déjà cité...) de Yamada ([57]-page 117), l'équation (6,38') a une solution, unique ; la $\underline{\underline{F}}$-semi-martingale Y a même loi que K^2 ; $Z = Y^{1/2}$ est la solution (unique) de (6,38) et Z_t tend vers 0 quand t vers 1. Pour établir que $(Z_t, t \leq 1)$ est une $\underline{\underline{F}}$-semi-martingale, il nous reste à montrer que le processus $\int_0^t \frac{1}{Z_u} \left(1 - \frac{Z_u^2}{1-s}\right) du$ est à variation finie sur $[0,1]$; l'intégrale $\int_0^1 \frac{1}{Z_u} \left(1 - \frac{Z_u^2}{1-u}\right) du$ étant semi-convergente et Z étant positif, il suffit de montrer que $\int_0^1 Z_u \frac{du}{1-u}$ est fini. Or on a :

$$E\left[\int_0^1 \frac{Z_u}{1-u} du \,|\, \underline{\underline{F}}_0\right] = \int_0^1 \frac{E[Z_u | \underline{\underline{F}}_0]}{1-u} du \leq \int_0^1 \frac{(E[Y_u | \underline{\underline{F}}_0])^{\frac{1}{2}}}{1-u} du$$

$$= \int_0^1 \left(Y_0 + \frac{3u}{1-u}\right)^{\frac{1}{2}} du < +\infty \quad \text{(voir la définition de } K \text{ !).}$$

VI-4-b) Excursions du brownien réel.

Nous reprenons les notations du corollaire (3,27) : X est un $\underline{\underline{F}}$-mouvement brownien réel issu de 0 ; L^0 est le temps local de X en 0 et $\underline{\underline{K}}$ est la filtration obtenue par adjonction initiale à $\underline{\underline{F}}$ de la tribu engendrée par L^0.

$\{X = 0\}$ est indistinguable du support de L^0 (et est donc $\underline{\underline{K}}_0$-mesurable) ; $D_s = \inf(t > s, X_t = 0)$ et $G_s = \sup(t \leq s, X_t = 0)$ définissent donc des processus $\underline{\underline{K}}_0$-mesurables ; G est continu à droite.

Le corollaire (3,27) va nous permettre d'étudier, en tant que semi-martingale, l'excursion normalisée du brownien (cf. [22] 2.9 et 2.10).
Remarquons en effet le résultat élémentaire suivant :

Lemme (6,39) : pour toute variable aléatoire positive L,

$$\int_{G_L}^{D_L} \frac{1}{|X_s|}\, ds \quad \text{est fini.}$$

Démonstration : on peut supposer $G_L < D_L$ et même, quitte à remplacer L par $\frac{1}{2}(G_L + D_L)$, $G_L < L < D_L$; pour a rationnel tel que $G_L < a < L$, $G_L = G_a$, $D_L = D_a$.

Il suffit donc de montrer le résultat pour les constantes. Or :

$$P\left[\int_a^{D_a} \frac{1}{|X_s|}\, ds = +\infty\right] = E\left[P\left[\int_0^{T_z} \frac{ds}{|X_s - z|} = +\infty\right]\Big|_{z = X_a}\right] = 0$$

(cf. chapitre III, lemme (3,25)).

De même, $P\left[\int_{G_a}^{a} \frac{1}{|X_s|}\, ds = +\infty\right] \leq P\left[\int_0^a \frac{{}^{o}(1_{]G_a,a]})_s}{|X_s|} \frac{ds}{X_s} = +\infty\right] = 0$,

puisque $${}^{o}(1_{]G_a,a]})_s = 1_{\{s \leq a\}} \sqrt{\frac{2}{\pi}} \int_0^{(a-s)^{1/2}} \exp - \frac{v^2}{2}\, dv$$

et que $x \to \frac{1}{x} \int_0^x \exp - \frac{1}{2} v^2\, dv$ est borné sur $\mathbb{R}_+^*$.

Théorème (6,40) ([33]) : 1) Soit T un $\underline{\underline{F}}$-temps d'arrêt fini, tel que $P[X_T \neq 0] = 1$.

a) $X_{t \wedge D_T} 1_{\{T \leq t\}}$ est une $\underline{\underline{K}}$-semi-martingale.

b) G_T est fin d'ensemble $\underline{\underline{K}}$-optionnel et $X_{t \wedge D_T} 1_{\{G_T \leq t\}}$ est une $\underline{\underline{K}}^{G_T}$-semi-martingale.

2) Soit ξ un réel donné, $\xi > 0$. Notons, pour $0 \leq u \leq 1$,

$$\underline{\underline{U}}_u = \underline{\underline{K}}_{G_\xi + u(D_\xi - G_\xi)}$$

$$N_u = (D_\xi - G_\xi)^{-\frac{1}{2}} |X_{G_\xi + u(D_\xi - G_\xi)}|.$$

(N est l'excursion normalisée de X autour de ξ)

N est une $\underline{\underline{U}}$-semi-martingale, de décomposition canonique :

$$(6,38) \quad N_u = B_u + \int_0^u \frac{1}{N_s} \left(1 - \frac{N_s^2}{1-s}\right) ds,$$

où B est un $\underline{\underline{U}}$-mouvement brownien.

N est indépendant de $\{(X_t, t < G_\xi), (X_t, t > D_\xi), G_\xi, D_\xi, \mathrm{sgn}(X_\xi)\}$.

Démonstration : 1) a) Il résulte du corollaire (3,27) et du lemme (6,39) que $1_{]\!]T,D_T]\!]} \cdot X$ est une $\underline{\underline{K}}$-semi-martingale ; puisque $D_\cdot = D_T$ sur $[\![T,D_T[\![$, on a de plus :

$$X'_t = \{X_{t\wedge D_T} - X_T - \int_T^{t\wedge D_T} \frac{1}{X_s} \left(1 - \frac{X_s^2}{D_T - s}\right) ds\}\ 1_{\{T \leq t\}} \quad \text{est une } \underline{\underline{K}}\text{-martingale}$$

locale, de processus croissant associé $(t \wedge D_T - T)_+$.

b) Soit J un processus $\underline{\underline{F}}$-prévisible tel que $\int_0^\cdot J_s^2\, ds$ et $\int_0^\cdot \left|\frac{J_s}{X_s}\right| ds$ soient localement intégrable et que $\{J = 0\}$ soit inclus dans $\{X = 0\}$ (exemple : $J = |X|^\nu$, $\nu > \frac{1}{2}$).

D'après le corollaire (3,27),

$$M^J = J \cdot X - \int_0^\cdot \frac{J_s}{X_s} \left(1 - \frac{X_s^2}{D_s - s}\right) ds$$

est une $\underline{\underline{K}}$-martingale continue, de processus croissant

$$[M^J, M^J] = \int_0^\cdot J_s^2\, ds.$$

$\frac{1}{J}\, 1_{\{J \neq 0\}} \cdot M^J$ définit donc un $\underline{\underline{K}}$-mouvement brownien, noté M.

G_T est fin d'ensemble $\underline{\underline{K}}$-optionnel ; M est donc une $\underline{\underline{K}}^{G_T}$-semi-martingale, de même que $1_{]\!]T,D_T]\!]} \cdot X$ (d'après a)).

En outre, d'après le lemme (6,39), $\int_{G_T}^{T} \frac{1}{|X_s|} \left|\left(1 - \frac{X_s^2}{D_s - s}\right)\right| ds$ est fini.

On en déduit que $(\frac{1}{J} 1_{]\!]G_T,T]\!]})\cdot(J\cdot X) = 1_{]\!]G_T,T]\!]}\cdot X$ est une $\underline{\underline{K}}^{G_T}$-semi-martingale.

2) G_ξ est un $\underline{\underline{K}}$-temps d'arrêt ; $G_\xi, D_\xi, \mathrm{sgn}(X_\xi)$ sont des variables $\underline{\underline{K}}_{G_\xi}$-mesurables. Puisque $\underline{\underline{K}}^{G_\xi} = \underline{\underline{K}}$, 1)-b) montre que $X_{t\wedge D_\xi} 1_{\{G_\xi < t\}}$ est une $\underline{\underline{K}}$-semi-martingale et

$$C_t = X_{t\wedge D_\xi} 1_{\{G_\xi \leq t\}} - \int_0^t 1_{\{G_\xi < s \leq D_\xi\}} \frac{1}{X_s}\left(1 - \frac{X_s^2}{D_s - s}\right) ds$$

est une $\underline{\underline{K}}$-martingale locale continue, de processus croissant $(t\wedge D_\xi - G_\xi)_+$.

Notons, pour $0 \leq u \leq 1$, $B_u = \mathrm{sgn}(X_\xi)\,(D_\xi - G_\xi)^{-\frac{1}{2}}\, C_{G_\xi + u(D_\xi - G_\xi)}$.

B est une $\underline{\underline{U}}$-martingale locale continue, de processus croissant associé u, i.e. B est un $\underline{\underline{U}}$-mouvement brownien (nul en 0 et indépendant de K_{G_ξ}).

En outre,

$$N_u = B_u + \mathrm{sgn}(X_\xi) \frac{1}{(D_\xi - G_\xi)^{\frac{1}{2}}} \int_{G_\xi}^{G_\xi + u(D_\xi - G_\xi)} \frac{1}{X_s}\left(1 - \frac{X_s^2}{D_\xi - s}\right) ds$$

$$= B_u + \int_0^u \frac{1}{N_s}\left(1 - \frac{N_s^2}{1 - s}\right) ds.$$

Il résulte de la proposition (6,37) que N et B engendrent la même filtration (et que la loi de N est entièrement déterminée par (6,38) ; en particulier, elle est indépendante de ξ). $G_\xi, D_\xi, \mathrm{sgn}(X_\xi), (X_t, t < G_\xi)$ étant $\underline{\underline{K}}_{G_\xi}$-mesurables, ils sont indépendants de N ; enfin $(X_t, t > D_\xi)$ est indépendant de $\underline{\underline{F}}_{D_\xi}$.

La proposition (6,37) permet donc de considérer l'excursion normalisée du brownien autour de ξ comme la norme euclidienne d'un pont brownien tridimensionnel issu de 0. Un pont brownien réel étant un mouvement brownien réel X, conditionné par $\{X_1 = 0\}$ (cf. (6,34') et (6,35)), la loi de N solution de (6,38) est donc celle d'un processus de Bessel d'ordre 3, soit Y, conditionné par $\{Y_1 = 0\}$.

Pour confirmer, s'il en est encore besoin, le lien entre Bessel d'ordre 3 et excursion du brownien, nous allons étudier, N étant solution de (6,38) et r fixé $(0 < r < 1)$, la loi limite du couple $(\frac{1}{\varepsilon} N_{t\varepsilon^2}, t < r/\varepsilon^2 ; \frac{1}{\eta} N_{1-s\eta^2}, s < (1-r)/\eta^2)$

quand (ε,η) tend vers $(0,0)$ et généraliser des résultats de Getoor et Sharpe ([19]).

Il est nécessaire de préciser quelques notations :

D est l'espace des applications càd làg de $\mathbb{R}_+$, dans $\mathbb{R}_+ \cup \{\Delta\}$, où Δ est un point cimetière (isolé) adjoint à $\mathbb{R}_+$; on munit D de la topologie de la convergence uniforme sur les compacts, de sa tribu borélienne $\underline{\underline{D}}$, de ses applications coordonnées $(Y_t, t \geq 0)$ et de l'opérateur de meurtre k $(Y_s(k_t\delta) = Y_s(\delta)$ si $s < t$, Δ sinon ; $\delta \in D)$.

Q est la probabilité sur $(D,\underline{\underline{D}})$ faisant de Y un processus de Bessel d'ordre 3, issu de 0 ; on note $\underline{\underline{Y}}$ la filtration engendrée par Y (et dûment complétée sous Q).

Enfin, pour $a > 0$, on pose : $\sigma_a(\delta) = \sup(t, Y_t(\delta) = a)$.

N étant solution de (6,38) avec $N_0 = 0$ et $0 < r < 1$, fixé, pour tout $\varepsilon > 0$ on définit deux applications ϕ_ε^+ et ϕ_ε^- de Ω dans D par :

$$Y_t(\phi_\varepsilon^+(\omega)) = \frac{1}{\varepsilon} N_{t\varepsilon^2}(\omega) \quad \text{si} \quad t < r\varepsilon^{-2}, \ \Delta \quad \text{sinon ;}$$

$$Y_t(\phi_\varepsilon^-(\omega)) = \frac{1}{\varepsilon} N_{1-t\varepsilon^2}(\omega) \quad \text{si} \quad t\varepsilon^2 < 1-r, \ \Delta \quad \text{sinon.}$$

On peut alors énoncer :

<u>Théorème (6,41)</u> : <u>pour tout variable</u> $\underline{\underline{D}} \otimes \underline{\underline{D}}$<u>-mesurable bornée</u> W <u>et pour tout</u> $a > 0$,

$$\lim_{(\varepsilon,\eta) \to (0,0)} E\left[W\circ(k_{\sigma_a}, k_{\sigma'_a})\ (\phi_\varepsilon^+, \phi_\eta^-)\right] = Q \times Q\left[W \circ (k_{\sigma_a}, k_{\sigma'_a})\right].$$

Avant de démontrer le théorème (6,41), énonçons en des corollaires immédiats :

<u>Corollaire (6,42)</u> : <u>soit</u> N <u>solution de (6,38) avec</u> $N_0 = 0$. <u>Pour tout couple</u> (f,g) <u>de fonctions boréliennes positives, à support compact sur</u> $\mathbb{R}_+$, <u>tout couple</u> (α,β) <u>de</u> $\mathbb{R}_+^2$ <u>et tout</u> r, $0 < r < 1$,

$$\lim_{(\varepsilon,\eta) \to (0,0)} E\left[\exp - \frac{\alpha}{\varepsilon^2} \int_0^r f(\tfrac{1}{\varepsilon} N_u)du \ \exp - \frac{\beta}{\eta^2} \int_r^1 g(\tfrac{1}{\eta} N_u)du\right]$$

$$= E\left[\exp - \alpha \int_0^\infty f(Y_s)ds\right] \ E\left[\exp - \beta \int_0^\infty g(Y_s)ds\right]$$

<u>où</u> Y <u>est un processus de Bessel d'ordre</u> 3, <u>issu de</u> 0.

Corollaire (6,43) ([19]) : soit X un $\underline{\underline{F}}$-mouvement brownien nul en 0.

Pour tout $t \in \mathbb{R}_+^*$, tous $a \geq 0$, $b \geq 0$, $\alpha > -2$ et $\beta > -2$,

$$\lim_{(\varepsilon,\eta) \to (0,0)} E\left[\exp - \frac{a}{\varepsilon^{2+\alpha}} \int_{G_t}^{t} |X_s|^{\alpha}\, 1_{\{|X_s|<\varepsilon\}} ds \ \exp - \frac{b}{\eta^{2+\beta}} \int_t^{D_t} |X_s|^{\beta}\, 1_{\{|X_s|<\eta\}} ds\right]$$

$$= E\left[\exp - a \int_0^{\infty} Y_s^{\alpha}\, 1_{\{Y_s<1\}} ds\right] E\left[\exp - b \int_0^{\infty} Y_s^{\beta}\, 1_{\{Y_s<1\}} ds\right],$$

où Y est un processus de Bessel d'ordre 3 issu de 0.

(On applique le théorème (6,41) et le théorème (6,40-2)).

Démonstration du théorème (6,41) : a) Notons ϕ (resp. ψ, resp. $\overline{\psi}$) la densité de la loi de N_r (resp. Y_r, resp. Y_{1-r}) par rapport à la mesure de Lebesgue sur $\mathbb{R}_+$; $\tilde{Q}_{b,r}$ est la probabilité sur $(D,\underline{\underline{D}})$ faisant de Y un processus de Bessel d'ordre 3, issu de 0 et conditionné par $\{Y_r = b\}$ $(b > 0)$; $\phi_{r,\varepsilon} : D \to D$ est défini par :

$$Y_t \circ \phi_{r,\varepsilon}(\delta) = \frac{1}{\varepsilon} Y_{t\varepsilon^2}(\delta) \quad \text{si} \quad t\varepsilon^2 < r, \quad \Delta \text{ sinon.}$$

Si W est de la forme $W(\delta,\delta') = V(\delta)\, V'(\delta')$, il résulte de la proposition (6,37) :

$$E\left[W \circ (\phi_\varepsilon^+, \phi_\eta^-)\right] = E\left[E\left[V \circ \phi_\varepsilon^+ | N_r\right] E\left[V' \circ \phi_\eta^- | N_r\right]\right]$$

$$= \int_{\mathbb{R}_+} \phi(b)\, \tilde{Q}_{b,r}\left[V \circ \phi_{r,\varepsilon}\right] \tilde{Q}_{b,1-r}\left[V' \circ \phi_{1-r,\eta}\right] db.$$

b) Or pour toute fonction borélienne bornée f,

$F = \int_{\mathbb{R}_+} \psi(b)\, f(b)\, \tilde{Q}_{b,r}\left[V \circ \phi_{r,\varepsilon}\right] db$ vaut, par définition de $\tilde{Q}_{b,r}$, $Q\left[f(Y_r)\, V \circ \phi_{r,\varepsilon}\right]$.

Par "homogénéité" de la loi du processus de Bessel d'ordre 3, on a aussi :

$$F = Q\left[f(\varepsilon Y_{r/\varepsilon^2})\, V \circ k_{r/\varepsilon^2}\right] ;$$

si V est de la forme $V \circ k_{\sigma_a}$, on obtient :

$$F = Q\left[f(\varepsilon Y_{\frac{r}{\varepsilon^2}})\, V \circ k_{\sigma_a} \circ k_{r/\varepsilon^2} \; ; \; r < \varepsilon^2 \sigma_a\right] + Q\left[V \circ k_{\sigma_a}\, f(\varepsilon Y_{r/\varepsilon^2}) \; ; \; \sigma_a < r/\varepsilon^2\right] ;$$

d'après le lemme (6,20) le premier terme vaut encore :

$$Q\left[V \circ k_{\sigma_a} \circ k_{r/\varepsilon^2} f(\varepsilon Y_{r/\varepsilon^2}) \inf(1, \frac{a}{Y_{r/\varepsilon^2}})\right]$$

$$= Q\left[V \circ k_{\sigma_a} \circ \phi_{r,\varepsilon} \inf(1, \frac{a\varepsilon}{Y_r}) f(Y_r)\right] ;$$

d'après la proposition (6,21) (formule (6,23)), $V \circ k_{\sigma_a}$ étant $\underline{\underline{Y}}_{\sigma_a}^{\sigma_a}$-mesurable, la deuxième terme vaut :

$$Q\left[V \circ k_{\sigma_a} ; \sigma_a < r/\varepsilon^2 \; Q\left[f(\varepsilon(a+Y_v))\right]\Big|_{v = r/\varepsilon^2 - \sigma_a}\right].$$

Notons, pour $v > 0$, $\theta_{v,\varepsilon}$ la densité de la loi de $\varepsilon(a+Y_v)$ par rapport à la mesure de Lebesgue sur $\mathbb{R}_+$. On obtient facilement :

$$\tilde{Q}_{b,r}\left[V \circ k_{\sigma_a} \circ \phi_{r,\varepsilon}\right] = \inf(1, \frac{a\varepsilon}{b}) \tilde{Q}_{b,r}\left[V \circ k_{\sigma_a} \circ \phi_{r,\varepsilon}\right]$$

$$+ \frac{1}{\psi(b)} Q\left[V \circ k_{\sigma_a} \theta_{\frac{r}{\varepsilon^2} - \sigma_a,\varepsilon}(b) ; \sigma_a < r/\varepsilon^2\right]$$

On a bien sûr une expression analogue pour $\tilde{Q}_{b,1-r}$.

c) Pour W $\underline{\underline{D}} \otimes \underline{\underline{D}}$-mesurable borné, on a donc, d'après a) et b) :

$$E\left[W\circ(k_{\sigma_a},k_{\sigma'_a}) (\phi^+_\varepsilon,\phi^-_\eta)\right] = \nu_{\varepsilon,\eta}[W] + Q \times Q\left[W\circ(k_{\sigma_a},k_{\sigma'_a}) H(\varepsilon,\eta,\sigma_a,\sigma'_a)\right]$$

où $\nu_{\varepsilon,\eta}$ est une mesure sur $\underline{\underline{D}} \otimes \underline{\underline{D}}$, dont la masse totale est majorée par $E\left[\inf(1, \frac{a\varepsilon}{N_r}) + \inf(1, \frac{a\eta}{N_r})\right]$ (et tend donc vers 0 quand (ε,η) tend vers $(0,0)$ puisque $P\left[N_r = 0\right] = 0$) ;

$$H(\varepsilon,\eta,s,t) = 1_{\{s < \frac{r}{\varepsilon^2}, t < \frac{1-r}{\eta^2}\}} \int_{\mathbb{R}_+} \left(\frac{\phi}{\psi\bar{\psi}} \theta_{\frac{r}{\varepsilon^2} - s,\varepsilon} \theta_{\frac{1-r}{\eta^2} - t,}\right)(b)\,db$$

Il nous reste à montrer que $H(\varepsilon,\eta,\sigma_a,\sigma'_a)$ converge vers 1 dans $L^1(Q \times Q)$ quand (ε,η) tend vers $(0,0)$, ce qui constitue un petit exercice de majorations, dont nous indiquons les grandes lignes.

La loi de σ_a a une densité par rapport à la mesure de Lebesgue donnée par $a(2\pi s^3)^{-\frac{1}{2}}\exp -\frac{a^2}{2s}$ $(s > 0)$ (cf. chapitre VI-3), et l'expression de H est :

$$H(\varepsilon,\eta,s,t) = 1_{\{\varepsilon^2 s < r, \eta^2 t < 1-r\}} \sqrt{\frac{2}{\pi}} \left((r-\varepsilon^2 s)(1-r-\eta^2 t)\right)^{-3/2}$$

$$\cdot \int_0^\infty \frac{((b-a\varepsilon)_+ (b-a\eta)_+)^2}{b^2} \exp -\frac{1}{2}\left[\frac{(b-a\varepsilon)^2}{r-\varepsilon^2 s} + \frac{(b-a\eta)^2}{1-r-\eta^2 t}\right] db \ ;$$

$$\sqrt{\frac{\pi}{2}}\,(r(1-r))^{3/2} \exp\frac{(\varepsilon-\eta)^2 a^2}{2} H(\varepsilon,\eta,0,0)$$

$$= \int_{\mathbb{R}_+} \frac{\left[(b+ar(\eta-\varepsilon))_+ (b+a(1-r)(\varepsilon-\eta))_+\right]^2}{(b+a\varepsilon(1-r)+a\eta r)^2} \exp\frac{b^2}{2r(1-r)}\, db$$

tend vers $\sqrt{\frac{\pi}{2}}\,(r(1-r))^{3/2}$ quand (ε,η) tend vers $(0,0)$.

On se ramène donc à montrer la convergence vers 0 de

$$A(\varepsilon,\eta) = Q \times Q\left[|H(\varepsilon,\eta,0,0)-H(\varepsilon,\eta,\sigma_a,\sigma'_a)| \ ; \ \sigma_a < \frac{r}{\varepsilon^2} \ ; \ \sigma'_a < \frac{1-r}{\eta^2}\right].$$

On majore $A(\varepsilon,\eta)\ \sqrt{\frac{\pi}{2}}\,(r(1-r))^{3/2}$ par :

$$\int_{\mathbb{R}_+} \frac{\left[(b-a\varepsilon)_+(b-a\eta)_+\right]^2}{b^2} \exp -\frac{1}{2}\left[\frac{(b-a\varepsilon)^2}{r} + \frac{(b-a\eta)^2}{1-r}\right] \theta(b,\varepsilon,\eta)\, db$$

où $\theta(b,\varepsilon,\eta) =$

$$Q\times Q\left[\left|1-\left\{\left(\frac{r}{r-\varepsilon^2\sigma_a}\right)^{3/2} \exp-\frac{(b-a\varepsilon)^2\varepsilon^2\sigma_a}{2r(r-\varepsilon^2\sigma_a)}\right\}\left\{\left(\frac{1-r}{1-r-\eta^2\sigma'_a}\right)^{3/2} \exp-\frac{(b-a\eta)^2\eta^2\sigma'_a}{2(1-r)(1-r-\eta^2\sigma'_a)}\right\}\right| \ ; \ \varepsilon^2\sigma_a < r \ ; \ \eta^2\sigma'_a < 1-r\right].$$

Notons U_ε et V_η les expressions figurant ci-dessus en accolades ; si $f(\varepsilon) = Q\left[|1-U_\varepsilon| \ ; \ \varepsilon^2\sigma_a < r\right]$ et $g(\eta) = Q\left[|1-V_\eta| \ ; \ \eta^2\sigma'_a < 1-r\right]$, on a :

$$\theta(b,\varepsilon,\eta) = Q\times Q\left[|1-U_\varepsilon V_\eta|; \ \varepsilon^2\sigma_a < r \ ; \ \eta^2\sigma'_a < 1-r\right]$$

$$\leq f(\varepsilon) + g(\eta) + f(\varepsilon)\,g(\eta),$$

si bien que l'on se ramène à majorer $f(\varepsilon)$ et $g(\eta)$.

Avec $C = \frac{(b-a\varepsilon)^2}{2r}$ et $D = r/\varepsilon^2$, on a :

$$f(\varepsilon) = \frac{a}{\sqrt{2\pi}} \int_0^D \exp -\frac{a^2}{2s} \left|1 - \left(\frac{D}{D-s}\right)^{3/2} \exp -\frac{Cs}{D-s}\right| s^{-3/2}\, ds$$

$$\leq \frac{aD^{3/2}}{\sqrt{2\pi}} \int_0^D \exp -\frac{a^2}{2s} \int_0^s \exp -\frac{Cu}{D-u} \left|CD - \frac{3}{2}(D-u)\right| \frac{du}{(D-u)^{7/2}}\, s^{-3/2}\, ds$$

$$= \frac{aD^{3/2}}{\sqrt{2\pi}} \int_0^D \frac{\left|CD - \frac{3}{2}(D-u)\right|}{(D-u)^{7/2}} \exp -\frac{Cu}{D-u} \left(\int_u^D \exp -\frac{a^2}{2s}\, s^{-3/2}\, ds\right) du$$

$$\leq \frac{2a\, D^{\frac{1}{2}}}{\sqrt{2\pi}} \int_0^D \frac{\left|CD - \frac{3}{2}(D-u)\right|}{(D-u)^{5/2}} \exp -\frac{Cu}{D-u}\, u^{-\frac{1}{2}} du$$

$$= a\sqrt{\frac{2}{\pi CD}} \int_0^\infty \exp -v \left|C+v-\frac{3}{2}\right| v^{-\frac{1}{2}} dv \quad \text{(changement de variable } v = \frac{Cu}{D-u}\text{)}$$

$$= \frac{a}{\sqrt{\pi CD}} \int_0^\infty \exp -\tfrac{1}{2}u^2 \left|u^2 + 2C - 3\right| du$$

$$\leq a(C+2)\sqrt{\frac{2}{CD}}.$$

On a donc : $f(\varepsilon) \leq \dfrac{2a\varepsilon}{|b-a\varepsilon|}\left(2 + \dfrac{(b-a\varepsilon)^2}{2r}\right)$ et de même,

$$g(\eta) \leq \frac{2a\eta}{|b-a\eta|}\left(2 + \frac{(b-a\eta)^2}{2(1-r)}\right).$$

Il vient alors facilement :

$$\sqrt{\frac{\pi}{2}}\,(r(1-r))^{3/2}\; A(\varepsilon,\eta)$$

$$\leq 2a\varepsilon \int_0^\infty b\left(2 + \frac{b^2}{r}\right) \exp -\frac{b^2}{2r} db + 2a\eta \int_0^\infty b\left(2 + \frac{b^2}{1-r}\right) \exp -\frac{b^2}{2(1-r)}\, db$$

$$+ 4a^2\varepsilon\eta \left(\int_0^\infty \left(2 + \frac{b^2}{r}\right)^2 \exp -\frac{b^2}{r}\, db\right)^{\frac{1}{2}} \left(\int_0^\infty \left(2 + \frac{b^2}{1-r}\right)^2 \exp -\frac{b^2}{1-r}\, db\right)^{\frac{1}{2}}$$

ce qui termine la démonstration du théorème (6,41) !

BIBLIOGRAPHIE.

1 Airault H., Föllmer H. : Relative densities of semi-martingales. Inv. Math. 27, (299-327), 1974.

2 Azéma J. : Quelques applications de la théorie générale des processus I Inv. Math. 18, (293-336), 1972.

3 Azéma J., Yor M. : Temps locaux. Astérisque 52-53, (3-35), 1977.

4 Barlow M. : Study of a filtration expanded to include an honest time. Z.f.W. 44, (307-323), 1978.

5 Barlow M. : Decomposition of a Markov process at an honest time. (à paraître).

6 Brémaud P., Yor M. : Changes of filtrations and of probability measures. Z.f.W. 45, (269-295), 1978.

7 Dellacherie C. : Capacités et processus stochastiques. Springer 1972.

8 Dellacherie C., Meyer P.A. : A propos du travail de Yor sur le grossissement des tribus. Séminaire de Probabilités XII, Lect. Notes in Math. 649, (70-77), 1978.

9 Dellacherie C. : Supports optionnel et prévisible d'une P-mesure et applications. Séminaire de Probabilités XII, Lect. Notes in Math. 649, (511-522), Springer 1978.

10 Dellacherie C. Quelques applications du lemme de Borel-Cantelli à la théorie des semi-martingales. Séminaire de Probabilités XII, Lect. Notes in Math. 649, (742-745), Springer 1978.

11 Doss H., Lenglart E. : Sur l'existence, l'unicité et le comportement asymptotique des solutions d'équations différentielles stochastiques. Ann. Inst. H. Poincaré, section B, vol 14, n°2, (189-214), 1978.

12 El Karoui N, Reinhard H. Compactification et balayage de processus droits, Astérisque 21, 1975.

13 El Karoui N., Maurel M. : Un problème de réflexion et ses applications au temps local et aux équations différentielles stochastiques sur R. Cas continu. Astérisque 52-53, (117-144), 1978.

14 Emery M. : Stabilité des solutions des équations différentielles stochastiques. Z.f.W. 41, (241-262), 1978.

15 Emery M. : Une topologie sur l'espace des semi-martingales. Séminaire de de Probabilités XIII, Lect. Notes in Math. 721, (260-280), Springer 1979.

16 Ezawa H., Klauder J.R., Shepp L.A. : On the divergence of certains intégrals of the Wiener Process. Ann. Inst. Fourier, vol 24, fasc. 2, (189-194), 1974.

17 Fisk D.L. : Quasi-martingales. T.A.M.S. 120, (359-389), 1965.

18 Getoor R.K. : Markov processes : Ray processes and right processes. Lect. Notes in Math. 440, Springer 1975.

19 Getoor R.K., Sharpe M.J. : Excursions of brownian motion and Bessel processes. Z.f.W. 47, (83-106), 1979.

20 Getoor R.K., Sharpe M.J. : The Markov property of co-optional times. Z.f.W. 48, (201-211), 1979.

21 Gihman I.I., Skorokhod A.V. : Stochastic differential equations. Springer 1972.

22 Ito K., Mc Kean H.P.Jr. : Diffusion processes and their sample paths. Springer 1974.

23 Jacod J., Yor M. : Etude des solutions extrémales et représentation intégrale pour certains problèmes de martingales. Z.f.W. 38, (83-125), (1977).

24 Jeulin T., Yor M. : Grossissement d'une filtration, formules explicites. Séminaire de Probabilités XII, Lect. Notes in Math. 649, (78-97), 1978.

25 Jeulin T., Yor M. : Nouveaux résultats sur le grossissement des tribus. Ann. Scient. ENS, 4e série, t.11, (429-443), 1978.

26 Jeulin T., Yor M. : Inégalité de Hardy, semi-martingales et faux-amis. Séminaire de Probabilités XIII, Lect. Notes in Math. 721, (332-359), 1979.

27 Jeulin T. : Un théorème de J.W. Pitman. Séminaire de Probabilités XIII, Lect. Notes in Math. 721, (521-532), Springer 1979.

28 Jeulin T. : Grossissement d'une filtration et applications. Séminaire de Probabilités XIII, Lect. Notes in Math. 721, (574-609), Springer 1979.

29 Jeulin T. : Comportement des semi-martingales dans un grossissement de filtration. Z.f.W. 52, (149-182), 1980.

30 Lenglart E. : Relation de domination entre deux processus. Ann. Inst. H. Poincaré, section B, vol 13 n° 2, (171-179), 1977.

31 Lenglart E. : Transformation des martingales locales par changement absolument continu de probabilités. Z.f.W. 39, (65-70), 1977.

32 Lépingle D. : Une inégalité de martingales. Séminaire de Probabilités XII, Lect. Notes in Math. 649, (134-137), 1978.

33 Lévy P. : Processus stochastiques et mouvement brownien. Paris 1948.

34 Lévy P. : Le mouvement brownien. Paris 1954.

35 Maisonneuve B. Meyer P.A. : Ensembles aléatoires markoviens homogènes. Séminaire de Probabilités VIII, Lect. Notes in Math. 381, (172-261), 1974.

36 Mémin J. : Conditions d'optimalité pour un problème de contrôle portant sur une famille de probabilités dominée par une probabilité P. 41es Journées de Contrôle, Metz (76), (1-43), 1977.

37 Mémin J. : Espaces de semi-martingales et changement de probabilités (à paraître 1979).

38 Meyer P.A., Smythe R.T., Walsh J.W. : Birth and death of Markov processes. Proc. 6-th Berkeley Symposium Math. Statist. Prob., Univ. Calif. Vol III, (295-305), 1972.

39 Meyer P.A. : Un cours sur les intégrales stochastiques. Séminaire de Probabilités X, Lect. Notes in Math. 511, Springer 1976.

40 Meyer P.A. : Notes sur les intégrales stochastiques II. Séminaire de Probabilités XI, Lect. Notes in Math. 581, (463-464), Springer 1977.

41 Meyer P.A. : Sur un théorème de Jacod. Séminaire de Probabilités XII, Lect. Notes in Math. 649, (57-60), Springer 1978.

42 Meyer P.A. : Inégalités de normes pour les intégrales stochastiques. Séminaire de Probabilités XII, Lect. Notes in Math. 649, (757-762), Springer 1978.

43 Meyer P.A. : Caractérisation des semi-martingales d'après Dellacherie. Séminaire de Probabilités XIII, Lect. Notes in Math. 721, (620-623), Springer 1979.

44 Meyer P.A. : Les résultats de Jeulin sur le grossissement des tribus. Séminaire de Probabilités XIV, Lect. Notes in Math. 784, 1980.

45 Millar P.W. : Random times and decomposition theorems. Proc. of Symposia in Pure Math., Vol 31, (91-103), 1977.

46 Millar P.W. : A path decomposition for Markov processes. Ann. of Prob., Vol 6, n° 2, (345-348), 1978.

47 Nikishin E.M. : Resonance theorems and superlinear operators. Translation of Uspekki Math. Nauk., vol XXV, n° 6, (125-187), 1970.

48 Pitman J.W. : One dimensional Brownian Motion and the three-dimensional Bessel process. Adv. Appl. Prob. 7, (511-526), 1975.

49 Pittenger A.O., Shih C.T. : Coterminal families and the strong Markov property. T.A.M.S. vol 182, (1-42), 1973.

50 Rao K.M. : Quasi-martingales. Math. Scand. 24, (79-92).

51 Ray D. : Sojourn times of diffusion processes. Ill. J. Math. 7, (615-630), 1963.

52 Schaeffer H.H. : Topological vector spaces. Springer 1971.

53 Stricker C. : Quasi-martingales, martingales locales, semi-martingales et filtration naturelle. Z.f.W. 39, (55-63), 1977.

54 Verwaat W. : A relation between brownian bridge and brownian excursion. Ann. of Prob., vol 7, n° 1, (143-149), 1979.

55 Williams D. : Decomposing the brownian path. Bull. Amer. Math. Soc. 76, (871-873), 1970.

56 Williams D. : Path decomposition and continuity of local time for one-dimensional diffusions I ; Proc. London. Math. Soc. 3, 28, 1974.

57 Yamada T. : Sur la construction des solutions d'équations différentielles stochastiques dans le cas non lipschitzien. Séminaire de Probabilités XII, Lect. Notes in Math. 649, (114-131), Springer 1978.

58 Yor M. : A propos d'un lemme de Ch. Yoeurp. Séminaire de Probabilités XI, Lect. Notes in Math. 581, (493-501), Springer 1977.

59 Yor M. : Grossissement d'une filtration et semi-martingales : théorèmes généraux. Séminaire de Probabilités XII, Lect. Notes in Math. 649, (61-69), Springer 1978.

60 Yor M. : Inégalités entre processus minces et applications. CRAS Paris, t. 286, Série A, (799-801), 1978.

61 Yor M. : Quelques épilogues. Séminaire de Probabilités XIII, Lect. Notes in Math. 721, (400-406), Springer 1979.

62 Yor M. : Les filtrations de certaines martingales du mouvement brownien dans $\mathbb{R}^n$. Séminaire de Probabilités XIII, Lect. Notes in Math. 721, (427-440), Springer 1979.

63 Yor M. : Sur le balayage des semi-martingales continues. Séminaire de Probabilités XIII, Lect. Notes in Math. 721, (453-471), Springer 1979.

INDEX TERMINOLOGIQUE

Index des notations.

I-1) H^L : processus H arrêté en L.

$\mathbb{F},\mathbb{G},\mathbb{K},\dots$: filtrations.

${}^{o-P/\mathbb{F}}H$, ${}^{p-P/\mathbb{F}}H$: projections $(\mathbb{F},P)$-optionnelle, prévisible de H.

$A^{o-P/\mathbb{F}}$, $A^{p-P/\mathbb{F}}$: projections duales $(\mathbb{F},P)$-optionnelle, prévisible de A.

$\mathbb{V}(\mathbb{F})$: ensemble des processus à variation finie, $\mathbb{F}$-optionnels.

$\mathbb{V}_p(\mathbb{F})$: ensemble des processus à variation finie, $\mathbb{F}$-prévisibles.

$\mathbb{L}(\mathbb{F},P)$: ensemble des $(\mathbb{F},P)$-martingales locales.

$\mathbb{L}^c(\mathbb{F},P)$: ensemble des $(\mathbb{F},P)$-martingales locales continues.

$\mathbb{L}^d(\mathbb{F},P)$: ensemble des $(\mathbb{F},P)$-martingales purement discontinues.

$\mathbb{S}(\mathbb{F},P)$: ensemble des $\mathbb{F}$-semi-martingales.

$\mathbb{S}_{sp}(\mathbb{F},P)$: ensemble des $(\mathbb{F},P)$-semi-martingales spéciales.

$[X,X]$, $[X,Y]$, $\langle X,Y\rangle$: crochets de semi-martingales.

X^* $(= \sup_{s\leq\cdot}|X_s|)$: processus des extremums locaux de X.

$S_\tau(X)$.

$H\cdot X$: intégrale stochastique du processus H par rapport à X.

I-2) $\mathbb{H}^r(\mathbb{F},P)$, $\mathbb{M}^r(\mathbb{F},P)$, $\mathbb{BMO}(\mathbb{F},P)$.

$\mathbb{J}(\mathbb{F})$: ensemble des processus $\mathbb{F}$-prévisibles bornés par 1.

$\mathbb{J}^e(\mathbb{F})$: ensemble des processus $\mathbb{F}$-prévisibles élémentaires, bornés par 1

$\sigma_r^e(\cdot,\mathbb{F},P)$, $\sigma_r(\cdot,\mathbb{F},P)$.

I-4) $\mathbb{QM}(\mathbb{F},P)$: ensemble des $(\mathbb{F},P)$-quasi-martingales.

$V_p(\cdot,\mathbb{F},\tau)$, $\overline{V}_p(\cdot,\mathbb{F},\tau)$, $V_p(\cdot,\mathbb{F})$, $\overline{V}_p(\cdot,\mathbb{F})$: variations.

$N(\cdot)$

II $\mathbb{H}$, $\mathbb{H}'$, $\mathbb{H}'_b$.

$||\cdot||_v$: écart sur l'espace des processus à variation finie.

$\psi_{t,\mathbb{G}}(\cdot)$.

III $\underline{\underline{C}}^{\underline{\underline{E}}}$, $\underline{\underline{F}}^{\underline{\underline{E}}}$: filtrations obtenues par adjonction initiale de la tribu $\underline{\underline{E}}$ à la filtration $\underline{\underline{F}}$.

III-1) ${}^{A}Z$, ${}^{A}Z(\tilde{q})$.

$\chi^{\underline{\underline{E}}}$, $\chi^{\underline{\underline{E}},\tilde{q}}$, $X^{\underline{\underline{E}}}$.

$A_{\bullet}(q,\underline{\underline{E}},X)$

$\mu_{X,\tilde{q}}$, $||\mu_{X,\tilde{q}}||_{\underline{\underline{E}}}$;

$\underline{\underline{P}}(\underline{\underline{F}})$: tribu $\underline{\underline{F}}$-prévisible.

III-2-a) $\sigma(L)$: tribu engendrée par la variable aléatoire L.

$\underline{\underline{O}}(\underline{\underline{F}})$: tribu $\underline{\underline{F}}$-optionnelle.

$\Lambda_s^a(q)$, $\Lambda_{s-}^a(q)$, Λ_s^a, Λ_{s-}^a.

$A_{\bullet}(q,\sigma(L),X)$

$\mathbb{D}$: ensemble des dyadiques.

$\underline{\underline{M}}^2_{loc}(\underline{\underline{F}},P)$: ensemble des $(\underline{\underline{F}},P)$-martingales locales, localement de carré intégrable.

$\lambda(q,a,s)$.

III-2-c) $\psi^*_{t,\underline{\underline{F}}}(\cdot)$.

$\Gamma_t(\underline{\underline{E}})$, $\underline{\underline{N}}(q,\underline{\underline{E}})$.

III-3) Notations relatives à un mouvement brownien X nul en 0 (utilisées aussi en VI-2,3 et 4) :

S_t ($= \sup_{s \leq t} X_s$) : processus des maximums locaux de X.

T_z ($= \inf(t, X_t = z)$: premier temps de passage de X en z.

L^0 : temps local de X en 0.

D_s ($= \inf(t > s, X_t = 0)$) : premier zéro de X après s.

G_s ($= \sup(t < s, X_t = 0)$: dernier zéro de X avant s.

IV $\underline{\underline{C}}^L$, $\underline{\underline{F}}^L$: filtrations obtenues par adjonction progressive de la variable positive L à la filtration $\underline{\underline{F}}$.

IV-1) $\overline{M}$, $\overline{M}^g$: adhérence, adhérence gauche de M.

$S(A)$, $S^g(A)$: support, support gauche du processus croissant A.

$\tilde{Z}^L$, Z^L, $\tilde{A}^L$, A^L.

IV-2) $\underline{\underline{PR}}$: tribu progressive.

$\underline{\underline{P}}^L$, $\underline{\underline{O}}^L$, $\underline{\underline{PR}}^L$: tribus $\underline{\underline{F}}^L$-prévisible, optionnelle, progressive.

$\underline{\underline{F}}_{L-}$, $\underline{\underline{F}}_L$, $\underline{\underline{F}}_{L+}$: tribus d'évènements antérieurs à L.

$\underline{\underline{G}}^L$.

${}^o(U/V)$, ${}^p(U/V)$.

IV-3) $Z^{L,\tilde{q}}$, $M^{L,\tilde{q}}$, $\tilde{\Lambda}^a(\tilde{q})$.

${}^{L,\tilde{q}}\overline{X}$, ${}^{L,\tilde{q}}X$

$A_t(\tilde{q},L,X)$.

$\underline{\underline{N}}(\tilde{q},L)$

V-1) ${}^{p-L}H$, ${}^{o-L}H$: projections $\underline{\underline{F}}^L$-prévisible, optionnelle de H.

V-2) $\tilde{M}^L$

V-3) $\underline{\underline{F}}^{L,\lambda}$: filtration obtenue par adjonction progressive de L et λ à la filtration $\underline{\underline{F}}$.

${}^{p-L,\lambda}H$: projection $\underline{\underline{F}}^{L,\lambda}$-prévisible de H.

$\underline{\underline{P}}^{L,\lambda}$: tribu $\underline{\underline{F}}^{L,\lambda}$-prévisible.

VI-1) Notations relatives aux processus de Markov (utilisées également en VI-2-4) et VI-4) :

$(E,\underline{\underline{E}})$: espace d'états, δ : point cimetière ; E_δ, $\underline{\underline{E}}^*_\delta$, $\underline{\underline{E}}^e_\delta$.

(P_t) : semi-groupe sous-markovien, de résolvante V^r.

$(\Omega,\underline{\underline{F}}^0_\infty, (\underline{\underline{F}}^0_t), X, \zeta, \theta, k, (\mathbb{P}_x))$ réalisation canonique de (P_t), à durée de vie ζ, avec opérateurs de translation θ et de meurtre k.

$\mathbb{P}_m$, $\underline{\underline{F}}^{(m)}$.

t.c.r. : temps coterminal randomisé.

VI-2) σ, ρ.

VI-2-2) Σ_D : dernier temps de passage en D.

VI-2-4) s, κ, μ : échelle de mesures de meurtre et de rapidité d'une diffusion régulière de générateur $\mathbb{L}$.

I_t, γ.

VI-3) σ_a, J_t.